职业技能培训丛书

浙江省职业技能教学研究所　组织编写

无人机操控与维修

周学平　李　剑　主编

浙江科学技术出版社

图书在版编目(CIP)数据

无人机操控与维修/浙江省职业技能教学研究所组织编写;周学平,李剑主编. —杭州：浙江科学技术出版社,2019.9
 (职业技能培训丛书)
 ISBN 978-7-5341-8381-2

Ⅰ.①无… Ⅱ.①浙…②周…③李… Ⅲ.①无人驾驶飞机—技术培训—教材 Ⅳ.①V279

中国版本图书馆 CIP 数据核字(2018)第 185724 号

丛 书 名	职业技能培训丛书
书 名	无人机操控与维修
组织编写	浙江省职业技能教学研究所
主 编	周学平 李 剑
出版发行	浙江科学技术出版社 杭州市体育场路 347 号 邮政编码：310006 办公室电话：0571-85176593 销售部电话：0571-85176040 网 址：www.zkpress.com E-mail：zkpress@zkpress.com
排 版	杭州大漠照排印刷有限公司
印 刷	浙江新华数码印务有限公司
经 销	全国各地新华书店
开 本	787×1092 1/16 印 张 12
字 数	284 000
版 次	2019 年 9 月第 1 版 印 次 2019 年 9 月第 1 次印刷
书 号	ISBN 978-7-5341-8381-2 定 价 30.00 元

版权所有 翻印必究
(图书出现倒装、缺页等印装质量问题,本社销售部负责调换)

责任编辑 张祝娟　　　责任校对 顾旻波
责任美编 金 晖　　　　责任印务 崔文红

"职业技能培训丛书"编辑工作组

组　　长　　巫惠林　王丽慧
成　　员　　(按姓氏笔画排序)
　　　　　　王雪亘　李世存　陆卫国　周学平　俞冬伟
　　　　　　裘玉平

本册编写小组

主　　编　　周学平　李　剑
副 主 编　　阮强志　郑丽红　邓志江
编 著 者　　(按姓氏笔画排序)
　　　　　　马文瑞　卞博钧　邓志江　石显奎　许光武
　　　　　　李　剑　李卫震　何建聪　周忠海　熊　勇

前　言

职业技能培训是提高劳动者技能水平和就业创业能力的主要途径。大力加强职业技能培训工作,建立健全面向全体劳动者的职业技能培训制度,是实施扩大就业的发展战略,解决就业总量矛盾和结构性矛盾,促进就业和稳定就业的根本措施;是贯彻落实人才强国战略,加快技能人才队伍建设,建设人力资源强国的重要任务;是加快经济发展方式转变,促进产业结构调整,提高企业自主创新能力和核心竞争力的必然要求;也是推进城乡统筹发展,加快新型工业化和城镇化进程的有效手段。为认真贯彻落实全国、全省人才工作会议精神和《国务院关于加强职业培训促进就业的意见》《浙江省中长期人才发展规划纲要(2010—2020年)》,切实加快培养适应浙江省经济转型升级、产业结构优化要求的高技能人才,带动技能劳动者队伍素质整体提升,浙江省人力资源和社会保障厅规划开展了职业技能培训系列教材建设,由浙江省职业技能教学研究所负责组织编写工作。本系列教材第七批共7册,主要包括工业机器人调试与维护、无人机操控与维修、烹饪创业与餐饮管理、电类专业技师研修项目精选、新能源汽车维修、康复与护理培训教程基础知识、实训技能等地方产业、新兴产业以及特色产业方面的技能培训教材。本系列教材针对职业技能培训的目的要求,突出技能特点,便于各地开展农村劳动力转移技能培训、农村预备劳动力培训等就业和创业培训,以及企业职工、企业生产管理人员技能素质提升培训。本系列教材也可以作为技工院校、职业院校培养技能人才的教学用书。

在内燃机出现后,机器提高了人的体能,使我们从地面飞到空中。在计算机出现后,信息技术又提高了人的智能,使得飞机从有人向无人转化。无人机的出现,体现了技术的不断发展,又让我们从空中回到地面,而机器却留在空中,去完成使命。因此,"无人机"并非真的"无人",而是在回路中由人监视、管理甚至直接远程操纵飞机。无人机操控员在地面承担安全飞行的责任,此外还有可能承担规划和操作的任务,故无人机操控员的工作负荷可能不亚于有人机操控员。

无人机最初用于军事,但随着动力、电源、电子以及控制技术的发展,加之微机电技术使得陀螺、无刷电动机的微型化,中小型民用无人机如雨后春笋般出现,在国家经济及人民生活各个领域的应用方兴未艾。

随着各种类型民用无人机的发展,使得我们在空中也多了许多危险因素。无人机欲实现健康、有序的发展,需要培养大量优秀的有资质的操控员,中职学校和技工院校一直是培养技能人才的摇篮,越来越多的中职学校加入到培养无人机操控员的队伍中来。为此,编写一部无人机操控的教材显得尤为迫切,本书的编写正是适用于这一发展的急切需求。

本书吸收了同类图书的优点,也结合了中职教育的教学实践,重点突出了无人机操控员应掌握的基本理论知识和技能要求;在内容的广度和深度上,兼顾了知识的系统性、逻辑性,力求结构合理,宽而不深,多而不杂,较好地体现了理论与实践结合的原则。

本书的编者均为长期从事无人机教学的骨干教师、研究无人机技术的工程技术人员,具有丰富的教学和实践经验。

由于编者水平有限,书中难免存在不足之处,敬请读者批评指正。

浙江省职业技能教学研究所

2017 年 10 月

目 录

第一章 无人机结构及飞行原理 ··· 1

第一节 翼型和升力 ·· 1
第二节 迎角和失速 ·· 6
第三节 重心位置 ·· 8
第四节 平衡与稳定 ··· 12
第五节 固定翼无人机结构及飞行原理 ·· 16
第六节 单旋翼无人机结构及飞行原理 ·· 20
第七节 多旋翼无人机结构及飞行原理 ·· 25

第二章 无人机操控技术 ·· 28

第一节 飞行安全 ··· 28
第二节 无人机操控设备 ·· 31
第三节 固定翼无人机 ·· 36
第四节 单旋翼无人机 ·· 39
第五节 多旋翼无人机 ·· 42
第六节 无人机模拟飞行训练 ··· 43
第七节 无人机外场飞行准备 ··· 48
第八节 固定翼无人机飞行训练 ··· 51
第九节 单旋翼无人机飞行训练 ··· 59
第十节 多旋翼无人机飞行训练 ··· 64

第三章　无人机组装及维修 ……………………………………………………… 69

第一节　固定翼无人机组装及调试 …………………………………………… 69
第二节　多旋翼无人机组装及调试 ………………………………………… 129
第三节　无人机维护和保养 ………………………………………………… 138

第四章　无人机典型工作任务训练 ……………………………………………… 144

第一节　电力巡线作业训练 ………………………………………………… 144
第二节　农业植保作业训练 ………………………………………………… 147
第三节　航测航绘作业训练 ………………………………………………… 154
第四节　航拍及后续处理 …………………………………………………… 163

第一章 无人机结构及飞行原理

随着计算机技术日新月异,人工智能、云计算已经得以实现,智能化、信息化和自动化的时代已经来临,而无人机作为新技术的产物,它集成了人工智能、自动驾驶和信号处理等高精尖核心技术,已经不再是军事领域的独享技术,在民用领域我们也经常可以见到其身影。目前,在航拍、地质勘探、测绘、农业植保等领域,无人机已经获得了成功的应用,同时由于其便捷、高效的特点而广受关注。正是基于领域之间的相互交叉,无人机这一飞行平台已经体现出以人为本的机器换人理念,在潜移默化中服务着身边的每一个人。

无人机产业是一个新兴的高科技产业,从研发、制造到使用、管理及服务涉及诸多领域。其产业链上游主要是新型材料、电子元器件、软件设计等,产业链下游除了军用这个主要市场外,还涉及科学研究、农业、电力、运输、气象等诸多部门。目前,军用无人机数量最多,技术水平也最高。民用无人机随着飞行控制芯片的智能化提升,复合材料产业链的完善,研发和制造成本的大幅度降低,已经不再那么遥不可及。本文主要围绕无人机的操控和维修方面,对无人机相关的知识进行阐述,希望引发大家对无人机领域的兴趣,并从中获得飞行和维修的乐趣。

第一节 翼型和升力

当一个物体在空气中运动,或者空气从物体表面流过的时候,空气对物体都会产生作用力。我们把空气这种作用在物体上的力叫作空气动力。

空气动力作用在物体的整个表面上,它既可以产生对飞机飞行有用的力,也可以产生对飞机飞行不利的力。升力是使飞机克服自身重量保持在空中飞行的力,阻力是阻碍飞机前进的力。为了使飞机能够在空中飞行,就要在飞机中安装发动机,产生向前的拉力去克服阻力;飞机和空气发生相对运动,产生升力去克服重力。

关于飞机的升力和阻力,有几个重要的基本理论,包括相对性原理、连续性原理和伯努利原理。在此,我们着重介绍伯努利定律,通过力学知识的学习,对我们设计翼型具有很大的帮助。

一、伯努利原理

丹尼尔·伯努利在 1726 年提出了"伯努利原理"。这是在流体力学的连续介质理论方程建立之前,水力学所采用的基本原理,其实质是流体的机械能守恒,即动能+重力势能+压力势能=常数。其最为著名的推论为:等高流动时,流速大,压力就小。伯努利原理往往被表述为 $p + \frac{1}{2}\rho v^2 + \rho g h = C$,这个式子被称为伯努利方程(式中,$p$ 为流体中某点的压强,

v 为流体在该点的流速,ρ 为流体密度,g 为重力加速度,h 为该点所在高度,C 是一个常量)。它也可以被表述为 $p_1+\dfrac{1}{2}\rho v_1^2+\rho gh_1=p_2+\dfrac{1}{2}\rho v_2^2+\rho gh_2$。

伯努原理应是能量守恒定律在流体中的应用。当气体水平运动的时候,它包括两种能量:一种是垂直作用在物体表面的静压强的能量,另一种是由于气体运动而具有的动压强的能量,这两种能量的和是一个常数。

如果两手各拿一张薄纸,使它们之间的距离为 4~6cm,然后用嘴向这两张薄纸中间吹气,如图 1-1-1 所示。你会看到,这两张纸不但没有分开,反而相互靠近了,而且用嘴吹出来的气体速度越大,两张纸就越靠近。这是为什么呢?这就是伯努利原理。流体的速度越大,静压力越小;速度越小,静压力越大,这里说的流体一般是指空气或水,伯努利原理是空气动力最重要的公式。

从这个现象可以看出,当两张纸中间有空气流过的时候,中间空气流动的速度快,压强便小了,纸外压强比纸内大,内外的压强差就把两张纸往中间压去,中间空气流动的速度越快,纸内外的压强差也就越大。

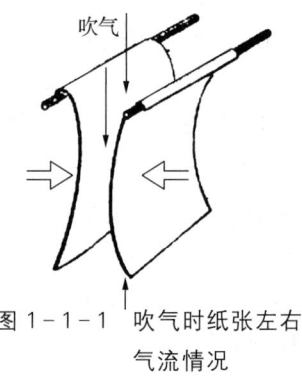

图 1-1-1 吹气时纸张左右气流情况

静压强度就是通常讲的压强,用 p 表示,动压强用 $\dfrac{1}{2}\rho v^2$ 表示,其中 ρ 为空气密度。如果忽略气体的压缩性以及温度变化的影响,伯努利方程可以用下式表示:

$$\dfrac{1}{2}\rho v^2 + p = 常数$$

用伯努利方程研究,得出:

$$\dfrac{1}{2}\rho v_2^2 + p_2 = \dfrac{1}{2}\rho v_1^2 + p_1$$

从上式可知,在 ρ 不变的情况下,由于截面 2 处的流速 v_2 大于截面 1 处的流速 v_1,所以截面 2 处的静压强 p_2 小于截面 1 处的静压强 p_1。

如图 1-1-2 所示,飞机为什么能够飞上天?因为机翼受到向上的升力。飞机飞行时机翼周围空气的流线分布由于机翼横截面的形状上下不对称,机翼上方的流线密,流速大,下方的流线疏,流速小。由伯努利方程可知,机翼上方的压强小,下方的压强大,这样就产生了作用在机翼向上方向的升力。

伯努利原理在日常生活中也常常应用,最常见的就是喷雾器(图 1-1-3),当压缩空气朝 A 点喷去,A 点附近的空气速度增大,静压力减小,B 点的大气压力就把液体压到出口,刚好被压缩空气呈雾状喷出。大家可以在家里用杯子和吸管来试验,压缩空气就靠你的肺了。表演时吸管不要成 90°,稍倾斜一点,以免空气直接吹进管内造成皮托管效应。

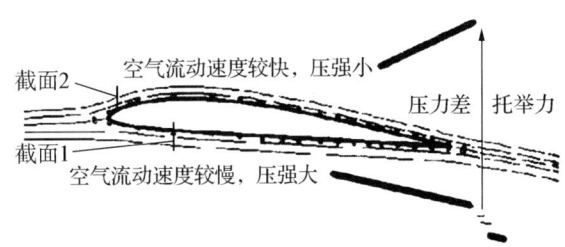
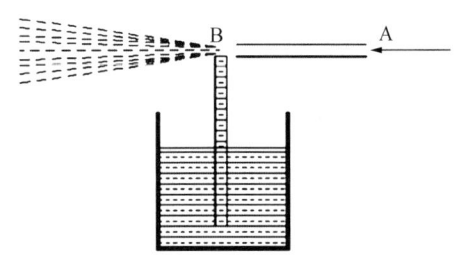

图 1-1-2 翼面上下气体流速情况示意图　　图 1-1-3 喷雾器示意图

二、翼型的各部分名称

在空气动力学中,翼型通常理解为二维机翼,即剖面形状不变的无限翼展机翼。翼型各部分的名称如图 1-1-4 所示。一般翼型的前端圆钝、圆滑,后端呈尖角形。后尖点称为后缘;翼型上距后缘最远的点称为前缘;连接前后缘的直线称为翼弦,其长度称为弦长。翼型内部做一系列与上下翼面相切的内切圆,所有圆心的连线称为翼型的中弧线,其中最大内切圆的直径称为翼型的厚度,中弧线和翼弦之间的最大距离称为弯度;前缘的曲率半径称为前缘半径。超声速翼型的前缘也可能是尖的。翼型的相对厚度和相对弯度分别定义为厚度和弯度对弦长之比,弯度为零的翼型称为对称翼型,其中弧线与翼弦重合。

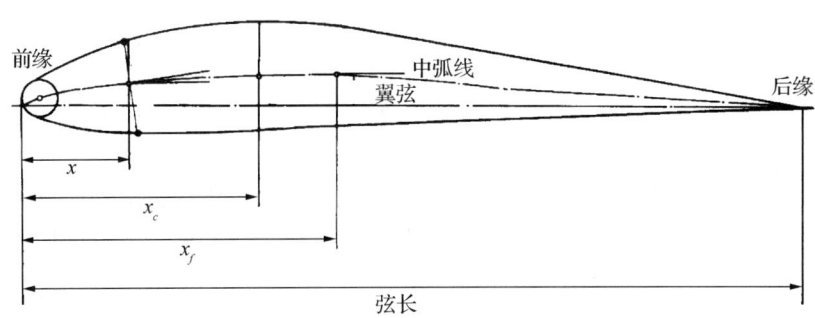

图 1-1-4 翼型剖面示意图

翼型前缘半径决定了翼型前部的"尖"或"钝",前缘半径小,在大迎角下气流容易分离,使飞机的稳定性变坏;前缘半径大对稳定性有好处,但阻力又会增加。

影响翼型性能最大的是中弧线的形状、翼型厚度的分布。如果中弧线是一根直线,与翼弦重合,那就表示这翼型上表面和下表面的弯曲情况完全一样,这种翼型称为对称翼型。普通翼型的中弧线总是弯的,S 翼型的中弧线呈横放的 S 形。翼型的厚度、中弧线的弯度、翼型最高点在什么地方等通常都是用翼弦长度的百分数来表示。中弧线最大弯度用中弧线最高点到翼弦的距离来表示。中弧线最高点到翼弦距离一般是翼弦长的 4%～8%。中弧线最高点位置同机翼上表面边界的特性有很大关系。竞速飞机翼型的中弧线最高点到前缘的距离一般是翼弦长的 25%～50%。翼型的最大厚度是指上弧线同下弧线之间内切圆的最大直径,一般来说,厚度越大,阻力也越大。而且在低雷诺数情况下,机翼表面容易保持层流边界层,因此竞速无人机要采用较薄的翼型。翼型最大厚度一般是翼弦的 6%～8%,其位置对机翼上表面边界层特性有很大影响。

三、翼型种类

为了提高飞机的飞行效率,人们设计出了多种特征的翼型,种类繁多。无人机翼型一般分为以下几种:

1. 克拉克 Y 翼型。如图 1-1-5(a)所示,下弧线为一直线,其实应叫平凸翼。有很多其他平凸翼型,只是克拉克 Y 翼最有名,故把这类翼型都叫克拉克 Y 翼。但要注意克拉克 Y 翼也有好几种。

2. 全对称翼型。如图 1-1-5(b)所示,上、下弧线均凸且对称。3D 花样特技模型直升机的旋翼模型就是这样的。

3. 内凹翼型。如图 1-1-5(c)所示,下弧线在翼弦线上,升力系数大。常见于早期飞机及牵引滑翔机,所有的鸟类除蜂鸟外都是这种翼型。

4. 半对称翼型。如图 1-1-5(d)所示,上、下弧线均凸但不对称。有的 3D 花样特技模型直升机的旋翼模型是这样的。

5. S 形翼型。如图 1-1-5(e)所示,中弧线呈平躺的 S 形。这类翼型在攻角改变时,压力中心并不变动,常用于无尾翼机。

6. 其他特种翼型。图 1-1-5(f)(g)所示的是最大厚度点在 60%弦长处的"层流翼型"以及下表面后缘下弯翼增大机翼升力的"弯后缘翼型";图 1-1-5(h)所示的是头部处比一般翼型多出一片薄片,作为扰流装置以改善翼型上表面边界层状态的"鸟嘴式前缘翼型";图 1-1-5(i)所示的是为了改善气流流过机翼尾部的情况,而将翼型尾部做成一块平板的"平板式后缘翼型";图 1-1-5(j)所示的是下表面有凸出部分,以增加机翼刚度的"增强翼型"等。

以上只是一个粗略的分类,在观察一个翼型的时候,最重要的是找出它的中弧线,然后再看它中弧线两旁厚度分布的情形,中弧线弯曲的方式、程度,大致决定了翼型的特性,弧线越弯,升力系数就越大。但是一般来说,光用眼睛看是不可靠的,克拉克 Y 翼的中弧线就比很多内凹翼还弯。

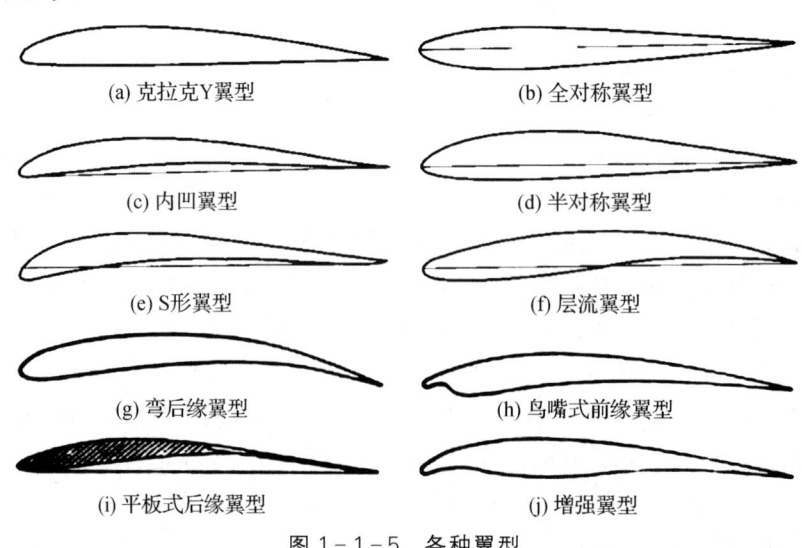

图 1-1-5 各种翼型

四、不同翼型对升力的影响

当气流迎面流过机翼的时候,机翼同气流方向平行,原来是一股气流,由于机翼的插入,被分成上、下两股。在翼剖面前缘附近,气流开始分为上、下两股的那一点的气流速度为零,其静压值达到最大,这个点在空气动力学上称为驻点。对于上、下弧面不对称的翼剖面来说,这个驻点通常是在翼剖面的下表面。在驻点处气流分叉后,上面的那股气流不得不绕过前缘,所以它需要以更快的速度流过上表面。由于机翼上表面拱起,使上方那股气流的通道变窄,机翼上方的气流截面 S_2 要比机翼前方的气流截面 S_1 小,流线比较密,所以机翼上方的气流速度 v_2 大于机翼前方的气流速度 v_1;而机翼下方是平的,机翼下方的流线疏密程度几乎没有变化,所以机翼下方的气流速度和机翼前方基本相同。气流通过机翼以后,在机翼后缘又重新合成一股。根据气流连续性原理和伯努利原理可以得知,机翼下表面受到向上的压力比机翼上表面受到向下的压力要大,这个压力差就是机翼产生的升力。

设法使机翼上部空气流速较快,静压力则较小,而机翼下部空气流速较慢,静压力则较大,于是机翼就被往上推去,飞机就能飞起来,如图 1-1-6 所示。

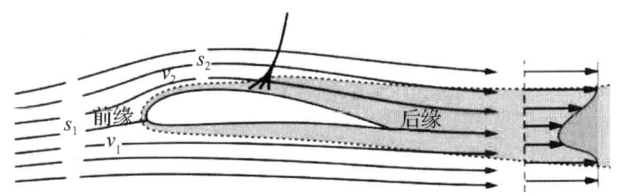

图 1-1-6 机翼切割空气时,气体流速变化情况示意图

以前的理论认为,两个相邻的空气质点同时由机翼的前端往后走,一个流经机翼的上缘,另一个流经机翼的下缘,两个质点应在机翼的后端相会合。图 1-1-7 所示为早期理论的气流质点流过机翼的情况,经过仔细的计算后发觉如按上述理论,上缘的流速不够大,机翼应该无法产生那么大的升力。现在经风洞实验已证实,两个相邻空气的质点中,流经机翼上缘的质点会比流经机翼下缘的质点先到达后缘(图 1-1-8 所示为风洞实验得到的气流质点流过机翼的情况)。

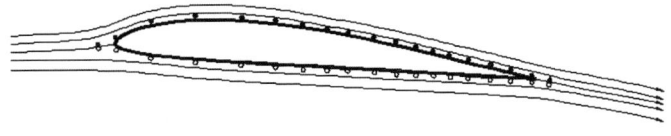

图 1-1-7 早期理论的气流质点流过机翼的情况

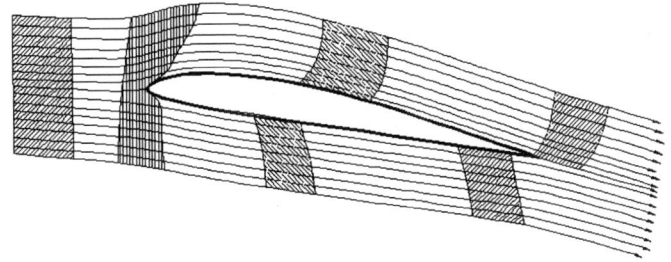

图 1-1-8 风洞实验得到的气流质点流过机翼的情况

在某杂志上曾经有位作者说飞机产生升力是因为机翼有攻角,当气流通过时机翼的上缘产生"真空",于是机翼被真空吸上去,如图1-1-9所示。可是真空为什么只把飞机往上吸,而不会把机翼往后吸呢?还有另一种常听到的错误理论称为子弹理论,这种理论认为,空气的质点如同子弹一般打在机翼下缘,将动量传给机翼,动量又分成一个往上的分量,于是产生升力;另一个分量往后,于是产生阻力,如图1-1-10所示。可是克拉克Y翼及内凹翼在攻角零度时也有升力,如果按照子弹理论,这两种翼型没有攻角只有上面"挨子弹",应该产生向下的力才对,所以说机翼不是风筝,当然上面也没有所谓的"真空"。

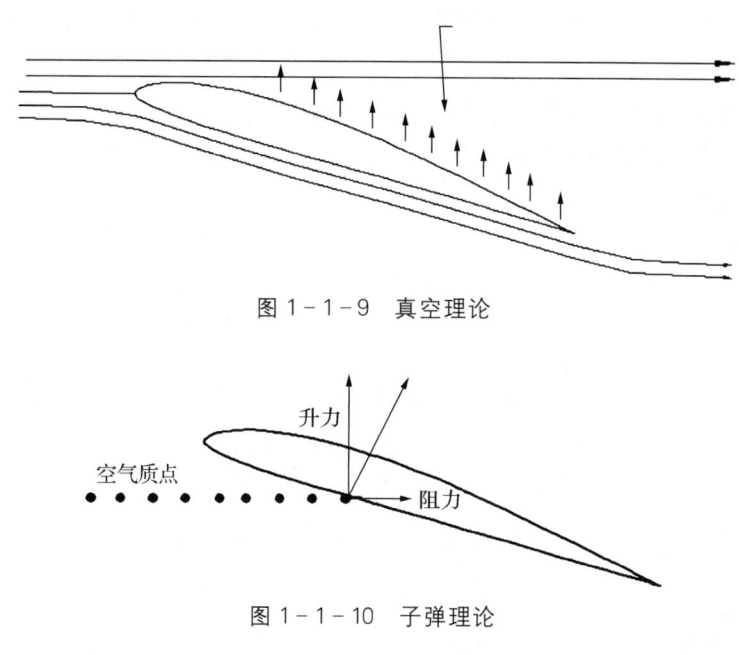

图 1-1-9 真空理论

图 1-1-10 子弹理论

第二节 迎角和失速

一、迎角的概念

相对气流方向(飞机运动方向)与翼弦所夹的角度称为迎角。相对气流方向指向机翼下表面,为正迎角;相对气流方向指向机翼上表面,为负迎角。飞行中,飞行员可通过前后移动驾驶盘来改变迎角的大小或者正负,飞行中经常使用的是正迎角,如图1-2-1所示。

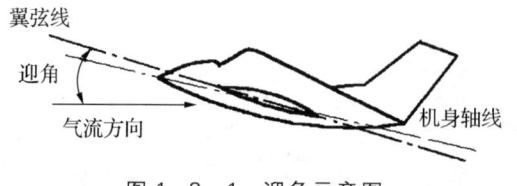

图 1-2-1 迎角示意图

飞行状态不同,迎角的正负、大小一般也不同。在水平飞行中,飞行员可根据机头的高低来判断迎角的大小,机头高,迎角大;机头低,迎角小。其他飞行状态,单凭机头的高低很难判断迎角的大小和正负,只有根据迎角本身的含义去判断。例如,飞机俯冲中,机头虽然很低,但迎角并不是负的,气流仍从下表面吹向机翼,因此迎角是正的。又如在上升中,机头虽然比较高,但迎角却不一定很大,在改为上升时,若推杆过猛,也可能会出现负迎角。

二、迎角与升力关系

在飞行速度等其他条件相同的情况下,得到最大升力的迎角,称为临界迎角。在小于临界迎角的范围内增大迎角,升力会增大;超过临界迎角后,再增大迎角,升力反而减小。

这是因为迎角增大时,一方面,在机翼上表面前部流线更为弯曲,流管变细,流速加快,压力降低,吸力增大。与此同时,在机翼下表面,气流受到阻挡,流管变粗,流速减慢,压力增大,从而使升力增大。但是,另一方面,迎角增大时,由于机翼上表面最低压力点的压力降低,后缘部分的压力比最低压力点的压力大得多,于是在上表面后部的附面层中,空气向前倒流的趋势增强,气流分离点向前移动,涡流区扩大,就会破坏空气的平顺流动,从而使升力降低。在中、小迎角状况下,增大迎角,分离点前移缓慢,涡流区只占机翼后部不大的一段范围,这对机翼表面空气的平顺流动影响不大,且前一因素起主要作用,因此在小于临界迎角的范围内,迎角增大,升力也增大,到临界迎角时,升力达最大。

超过临界迎角后,迎角再增大,则分离点迅速前移,涡流区迅速扩大,严重破坏空气的平顺流动,机翼上表面前段的流管变粗,流速减慢,吸力降低;从分离点到机翼后缘的涡流区内,压力大致相同,比大气压力稍小;在靠近后缘的一段范围内,吸力虽稍有增加,但很有限,补偿不了前段吸力的降低,所以超过临界迎角以后,迎角再增大,升力反而减小。

改变迎角,不仅升力大小会发生变化,而且压力中心也会发生前后移动。迎角由小逐渐增大时,由于机翼上表面前段吸力增大,压力中心前移;超过临界迎角以后,机翼前段和中段吸力减小,而机翼后段吸力稍有增加,所以压力中心后移。

三、失速的概念

在流体动力学中,失速是指翼型气动迎角增加到一定程度(达到临界值)时,翼型所产生的升力突然减小的一种状态。翼型气动迎角超过该临界值之前,翼型的升力是随迎角增加而递增的,但迎角超过该临界值后,翼型的升力将递减。

飞机失速的常见特征可以归纳为以下几点:

(1) 飞机抖振,驾驶杆、脚蹬抖动,机身摇晃,飞机结构振动。飞机接近失速时,已开始出现抖动,这就是失速的警告信号。随着迎角的进一步增大,抖振、摇晃进一步加剧,飞机加速进入失速状态。凡机动动作进入失速的抖振、摇晃要比平飞进入失速更为猛烈。

(2) 接近临界迎角的飞机失速,当其加速失速时,法向过载或法向加速度会突然中止。

(3) 飞机出现迅速而非指令性的转动,如机翼下坠、机头上仰、俯仰振荡、偏机头等。至于出现哪种运动,视飞机型别各不相同。

(4) 飞行速度迅速下降,但如果是向下的机动动作,如半滚倒转进入失速,飞行速度并不会很快减慢。

(5) 无助力装置的飞机,会感到操纵杆舵变轻,操纵开始失常。

四、造成失速的因素

由于大部分有关失速的讨论都与航空有关,以下集中论述失速与飞机(固定翼飞机)的关系。简单来说,飞机失速意味着机翼上产生的升力突然减少,从而导致飞机的飞行高度快速降低。注意:失速并不意味着引擎停止了工作或飞机失去了前进的速度。

了解容易产生失速的基本条件和时机对于失速的防范与应对,非常重要。

(一) 低速机动

低速飞行阶段,飞机机动能力弱,很容易产生由姿态改变而引发迎角的急剧增加。这一点其实很好理解,由于速度的减小导致向心力的不足,使得轨迹的改变不能跟随操控员姿态而变化,导致迎角的急剧增加,从而超越失速迎角引发失速。因此在低速飞行时,操控员要时刻关注飞机迎角和状态的变化,敏锐地感知飞机状态的异常,一旦发现飞机有进入失速的趋势,要及时终止机动。

(二) 危险天气

危险天气条件下的飞行,如侧风、强对流、风切变等天气情况,会使飞机的气动力发生显著的变化,这些变化从一定程度上会影响飞行员的操控。有些天气条件下尽管能够完成飞行,但需要特殊的技术,如大侧风着陆,需要飞行员采用位置、航向、坡度的综合修正,而且在着陆后要迅速改变驾驶动作,这对飞行员的驾驶技术提出了特殊的要求。

(三) 弱动力飞行

动力不足是导致飞机失速的重要原因,一方面由于动力不足速度难以增加,飞机的机动能力较弱,容易产生由于操作失误所引发的失速;另一方面,弱动力飞行时很容易产生速度的急剧衰减和能量的急剧损耗,在飞行员没有察觉的情况下进入低速飞行状态。为此,飞行员需要加强对弱动力飞行的理论学习和模拟训练,掌握弱动力飞行的特点。

(四) 起降阶段

飞机在起降阶段,一方面处于低速飞行状态,容易产生失速;另一方面由于放下了起落装置,改变了飞机的构型和气动外形,使得飞机的操纵性和稳定性降低,特别是在转弯阶段和离陆、降落阶段,飞行员的操控频繁、复杂,容易产生状态的突然变化,从而引发失速。应对的方法是确保飞机在安全的起降速度范围内飞行,合理利用技术修正侧风和偏差,避免粗暴的操控动作。

另外,在起降阶段如遇到突发情况,要以确保安全为首要原则,努力将故障控制在跑道上。如果飞机离陆,则要迅速安全地控制飞机着陆,避免危急状态下长时间在空中停留。

第三节 重心位置

一、重心位置的概念

重心,指在重力场中,物体处于任何方位时所有各组成支点重力的合力都通过的那一点。规则而密度均匀物体的重心就是它的几何中心。不规则物体的重心,可以用悬挂法来确定。物体的重心不一定在物体上,另外重心可以指事情的中心或主要部分。

飞机的各个部位都具有重力,所有重力的合力为整个飞机的重力,飞机重力的着力点则为飞机的重心,如图1-3-1所示。

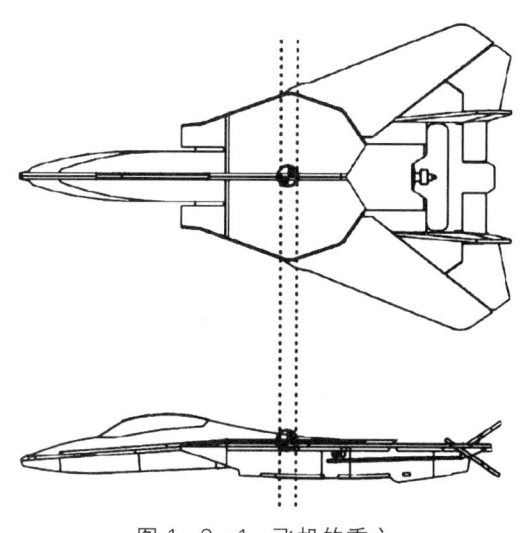

图1-3-1 飞机的重心

飞机的重心是一个假设的点,假定飞机的全部重量都集中在这个点上并支撑起飞机,飞机就可以保持平衡。飞机做任何转动都是围绕飞机的重心进行的。飞机重心的位置取决于载重量在飞机上的分布,除了在重心位置以外,飞机上任何部位的载重量发生变化,都会使飞机的重心位置发生移动,并且重心总是向载重增大的方向移动。限制飞机重心位置的原因有飞机的安定性和飞机的操纵性。

常规稳定气动布局飞机的重心控制,主要在于飞机的重心与气动焦点有一个合理的匹配。从飞机总体重量、重心控制的角度出发,考虑到飞行中俯仰姿态的变化、燃油的消耗、外挂物投放、起落架收放、设备移动及飞机制造过程中的共同影响因素,需要给定一个飞机的使用重心范围。对于小型无人机通常可以使用悬挂法确定飞机重心的位置,重心位置一般在机翼压力中心的前面,形成一个向下的力矩,与水平平尾机翼的力矩平衡而使飞机具有稳定性。飞机稳定性的大小很大程度上在于重心到机翼压力中心的距离,距离越大,稳定性越低,机动性越差。

二、影响重心位置的因素

机翼的空气动力可以认为是作用在压力中心上。机翼压力中心和模型重心的距离直接关系到模型的俯仰平衡。机翼压力中心的位置往往以离机翼前缘的距离来衡量,所以重心位置也以离前缘距离计算比较方便,并以平均空气动力弦长的百分比来表示。

实际上,飞机重心前后位置安排必须与水平平尾机翼配平力等一并考虑。我们知道,机翼产生升力同时亦产生一力偶矩,当速度固定时升力对于机翼前缘1/4距离的位置产生的力偶矩是固定的,所以实际升力产生的作用可以以作用在焦点的力及一个力偶矩来替代。现在我们将飞机装上尾翼后再分析一次飞机的安定与平衡,有以下5种配置作用于飞机的力都是平衡的,向上力的和等于向下力的和,如顺时针力偶矩的和等于逆时针力偶矩的和。

1. 重心在压力中心之后、尾翼升力向上,如图 1-3-2。这是自由飞模型最常采用的配置,重心在机翼偏后位置。自由飞模型一般重心在前缘算起的 50%～90% 位置,主翼升力对重心产生的力偶矩无法抵消焦点力偶矩,尾翼需要一个向上的升力,以便产生一个逆时针力偶矩,这时飞机的重量 W 等于主翼升力 L_1 加尾翼升力 L_2($W=L_1+L_2$),即尾翼分担部分主翼的负担。但是尾翼既然有升力,就多了一组诱导阻力。另外,当飞行中遇到阵风或飞机加速,因升力与速度平方成正比,主翼与尾翼升力同时增加,飞机就不由自主往上升,这对于自由飞模型固然可以争取高度,但对于遥控特技飞机就不是件好事了。

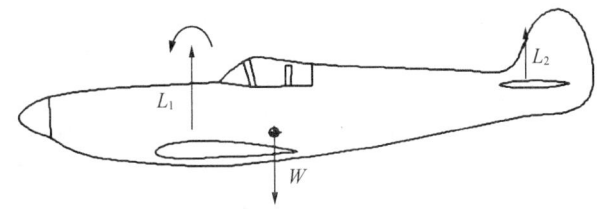

图 1-3-2 重心在压力中心之后、尾翼升力向上

2. 重心在压力中心之后、尾翼无升力,如图 1-3-3 所示。一般内凹翼型重心约在前缘算起的 33% 位置,很多遥控模型飞机采用此种配置。这是因为压力中心原在 25% 位置,再加上焦点力偶矩化为升力对重心的位移约 8%,故假设把压力中心移至 33% 位置时刚好无力偶矩作用,此时主翼升力等于飞机重量($W=L_1$;$L_2=0$),所以尾翼的配平力为零。尾翼没有升力就没有尾翼的诱导阻力,这是其最大的优点。

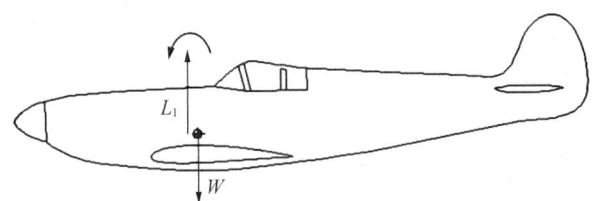

图 1-3-3 重心在压力中心之后、尾翼无升力

3. 重心与压力中心重合、尾翼升力向下,如图 1-3-4 所示。这种配置的重心与压力中心同在一条线上,主翼升力对重心不产生任何力偶矩,故焦点力偶矩无法抵消,尾翼需要一个向下的力以便产生一个顺时针力偶矩得以平衡,这时飞机的主翼升力 L_1 等于重量 W 加尾翼向下升力 L_2($L_1=W+L_2$),即尾翼消耗部分主翼的升力。

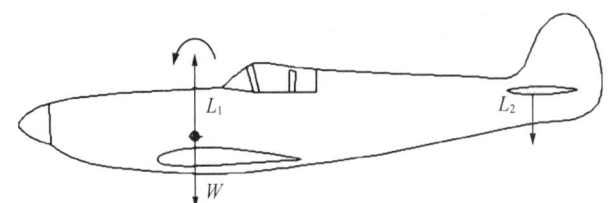

图 1-3-4 重心与压力中心重合、尾翼升力向下

4. 重心在压力中心之前、尾翼升力向下,如图 1-3-5 所示。这种配置有天生的安定性,像真机是遥控练习机最常采用的配置。主翼升力对重心产生的力偶矩及焦点力偶矩需

由尾翼向下力产生的顺时针力偶矩予以配平,这时飞机的主翼升力 L_1 等于重量 W 加尾翼向下升力 L_2($L_1=W+L_2$),即尾翼消耗部分主翼的升力。

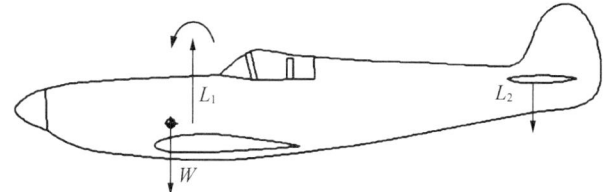

图 1-3-5 重心在压力中心之前、尾翼升力向下

重心在压力中心之后,尾翼产生向上的升力分担着部分主翼的负担,是一种不错的方法。这样主翼面积可以缩小,节省重量及阻力,但这种配置方式飞机只在一个速度下平衡,当飞行中遇到阵风或飞机加速,飞机就不由自主地往上升。遥控飞机还有一个问题,当操控员拉升降舵欲往上飞时,尾翼攻角改变,升力改为向下,产生顺时针力偶矩(图 1-3-6),主翼攻角增大,升力增加,增加的升力产生了对重心的顺时针力偶矩使机头抬得更高,主翼攻角进一步增大,结果使升力再增加,如此恶性循环而使飞机反应过度,变得非常"神经质",严重时根本无法操纵。

自由飞模型通常只有一种飞行速度——滑降,所以采用图 1-3-6 所示配置是很自然的。遥控模型就比较复杂了,使用练习机的初学者希望当飞行姿势混乱时,只要将手离开摇杆,飞机就会自动恢复水平飞行,飞机对舵的反应不能太敏感;而特技机的场合则刚好相反,希望飞机对舵的反应灵敏,当飞机爬升或俯冲时不希望有慢慢回复平飞的倾向,所以重心的位置非常重要。但重心的位置并没有一个明确的分界点,如在某一点是安全的话,在另一点则是敏感的。一般遥控模型飞机重心在前缘 25%~33% 就可以了,像真机还可以再往前一点。市售遥控飞机的设计图上,标示的重心大部分都不是固定一点,而是一个范围。

总之,重心越偏前纵向越安定,越后面越敏感。另外一个要注意的地方:度量重心位置时油箱不要有油,因一般飞机油都在机头,度量起来重心会偏前。我们在飞行场经常看见重心太后的飞机刚起飞时还好,当燃油越用越少时,重心会越偏越后,最后就陷入无法操纵而导致摔机。

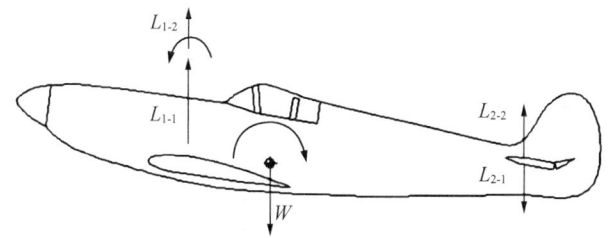

图 1-3-6 尾翼引起飞机抬头

三、调整重心位置的方法

无人机的初学者都是从模型店购买练习机学习飞行的,有的店家可以帮忙组装,但是大多数无人机爱好者都是自己在家组装。组装完成后试飞,一般会有两种情况发生:一是飞机头轻,升降舵必须微调成降舵,机体才能保持平飞;二是飞机机头过重,并且伴随机头难以拉

起、飞行距离加大和降落速度过大的现象,升降舵必须微调成升舵,机体才能保持平飞。这两种情况对于老手来说不是什么问题,问题是初学者并不了解飞机重心的重要性,一味按照说明书拼装组合,往往会在试飞时发生异常,不能及时修正舵面而坠机。因此,掌握飞机重心变化对于初学者来说是非常重要的。

一般的教练机套件说明书里都会标明该机型重心的所在。重心多落在翼弦三分之一处,而教练机一般使用克拉克Y翼,这种翼型为最普通且最可靠的翼切面,属于高升力中等速度,也属高阻力翼型。若依照翼弦前三分之一处为重心,实际飞行时多会产生机头偏轻的现象,虽然这种微小的差距并不是不可以飞行,但是如果需要飞得更流畅顺手的话,可以尝试将重心稍微前移(可以把接收机或动力电池前移),通过调整飞机的起飞降落及空中动作会更容易掌控。

第四节 平衡与稳定

一、无人机的平衡性

无人机的平衡性与重心位置有很大的关联,但飞行过程中无人机的平衡主要归纳有三种,即俯仰平衡、横侧平衡和方向平衡。

(一)俯仰平衡

俯仰平衡是指作用于飞机上的上仰力矩和下俯力矩彼此相等,使飞机既不上仰,也不下俯。影响飞机的俯仰平衡的因素主要有负重的装载位置、燃料的消耗、不稳定气流、起落架或副翼的伸展和收缩等。因此,在无人机的装配过程中应尽量保证飞机重心位置的稳定,如电池位置的搁放、任务系统的定位稳定等,以免影响飞机的俯仰平衡。当飞机由于外界干扰而失去俯仰平衡但在飞机重心范围内时,可以靠飞机自身的安定性能自动恢复平衡,也可通过操纵驾驶杆改变升降舵角度而使飞机恢复俯仰平衡。

(二)横侧平衡

横侧平衡是指作用于飞机机身两侧的滚动力矩彼此相等,使飞机既不向左滚转,也不向右滚转。影响飞机的横侧平衡的因素主要有燃油的加装和利用方式、货物装载情况和滚动情况、空气流的作用等。因此,加油和耗油时都要保持左右机翼等量。尤其对于宽体飞机,装载任务系统要保证机身两侧的载重量相差不大,同时固定稳固,避免货物在飞机失去横侧平衡时向一侧滚动而加重不平衡的程度。当由于某种原因使飞机失去横侧平衡时,可以通过改变某侧机翼的副翼角度而使飞机恢复横侧平衡。例如,当飞机向左侧滚转时,则增大左侧副翼下放角度,使左侧升力增大,即使向右滚转的力矩增大,使飞机重新回到横侧平衡状态。

(三)方向平衡

方向平衡是指作用于飞机两侧的力形成使飞机向左和向右偏转的力矩彼此相等,使飞机既不向左偏转,也不向右偏转。影响方向平衡的因素主要有发动机推力和横向风。例如,飞机在飞行时一侧的动力不足,飞机必然向该动力缺失一侧偏向。又如飞机在飞行时,遇到一股横向风,则飞机出现偏向。当由于某种情况使飞机失去方向平衡时,可以通过改变方向舵角度,使飞机向相反方向偏转,即可使飞机恢复方向平衡。例如,飞机向右侧偏向时,则使方向舵向左偏一定角度,产生向左偏转的力矩,使飞机回到原方向来。

由于飞机有俯仰平衡、横侧平衡和方向平衡,因此,只有当飞机同时处于这三种平衡状态时,才能说明飞机处于平衡状态。

二、无人机的稳定性

无人机受力平衡,可以让飞机保持等速直线运动。但是飞机在飞行中其运动方向、速度是随着操控员的操作而发生变化的,并且外界环境如风等也会干扰飞行。无人机在飞行中受到扰乱,其平衡状态被破坏后,能够自动恢复到原先平衡状态的能力称为稳定性。

无人机的稳定性可以分为静稳定性和动稳定性。静稳定性是指飞机受到外界干扰(如阵风)后有恢复到它原先平衡状态的能力。但只有静稳定性还不能完全说明问题,因为飞机在恢复到原来平衡状态的过程中,并不一定能很快达到原先的飞行状态而可能摆动起来,摆动多少次才能平稳下来,这就是动稳定性问题。飞机姿态恢复得越快,摆动次数越少,需要的时间越短,我们就说这架无人机的动稳定性越好。显然,静稳定性是动稳定性的前提,因为不具有静稳定性的机身,受干扰后根本没有恢复原先平衡状态的倾向,当然更谈不上如何恢复到原先的平衡状态了。而静稳定性的前提就是无人机的受力要平衡。

但是稳定性还与飞机机翼的形状与配置有很大关系。

(一) 外洗角

飞机失速时我们希望从翼根开始失速,失速后机头往下掉,于是迅速获得速度来恢复操控。同时应尽量避免翼端失速,翼端失速时先失速的一边机翼往下掉,飞机发生螺旋下坠,有可能无法恢复。但是我们已知失速与攻角有关,可以设法避免让失速先发生于翼端,在设计时采用翼根与翼端攻角不一样,翼端的攻角少1°~2°,就可以延后翼端失速,这个角度叫外洗角。代价是翼端升力系数减小,但翼端的诱导阻力也稍微减少,这在实机尤其螺旋桨飞机上是很常见的做法。遥控动力飞机是否要有外洗角见仁见智,但一般高级滑翔机、牵引机及手掷机几乎都有外洗角,无尾翼飞机翼端一般外洗到负攻角,以便提供配平力。

以上的外洗角称为几何外洗,另外有一种外洗称为气动外洗,就是机翼翼根至翼端的攻角都不变,但翼端、翼根分别使用不同的翼型,即翼端使用较不容易失速的翼型,如此一来,也可保证翼根先失速。

实际使用跟想象的不一样,翼端往往不使用比较不容易失速的对称翼,而是利用零升攻角至失速角范围较大的内凹翼型,再配合几何外洗,这样翼端升力不会损失太多而又达到外洗的目的。

(二) 上反角

上反角就是当机翼摆正时翼前缘与水平线的夹角,大部分飞机都有上反角,如图1-4-1所示。

飞机具有上反角,则横向稳定性就好。因为飞机倾斜的一面侧滑,如果有上反角,侧滑时下倾机翼的迎角增加,从而升力增加,另一侧机翼迎角减少,升力也减少,这样就产生了恢复力矩。恢复力矩能在飞机倾斜时迅速修正飞行姿态,以保证飞机在飞行时具有较高稳定性。

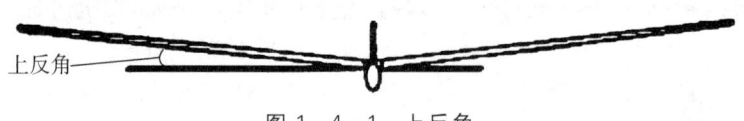

图 1-4-1　上反角

在多旋翼无人机的应用中,为了提供无人机的稳定性也用到上反角,如大疆 M600 飞行平台,如图 1-4-2 所示。

图 1-4-2　大疆 M600 飞行平台

(三) 襟翼、副翼

襟翼、副翼是主翼后缘可活动的翼片。襟翼、副翼的作用是借着改变机翼后缘的角度使机翼的攻角改变,从而增加或减少升力,用以改变飞机的飞行姿态。副翼动作时左右副翼一上一下,副翼向下的一边机翼攻角增加,升力增加,副翼向上的一边机翼攻角减少,升力降低,左右翼升力一边增加另一边减少,于是飞机产生滚转,如图 1-4-3 所示。

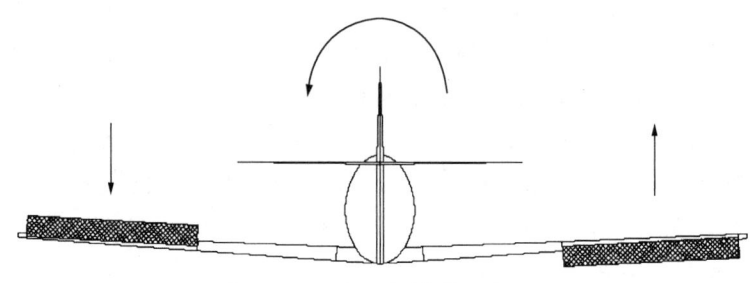

图 1-4-3　飞机滚转示意图

襟翼动作时左右襟翼同时往下,相当于翼型中弧线弯度皆增加,升力系数增大。

襟翼一般用于降落前,襟翼放下后阻力也同时增加,以便降低落地速度。飞行场上有些人为了使飞机触地时不"海豚跳",而在降落时把襟翼往上打,使得落地速度过快。触地时会"海豚跳"表示落地速度太快,正确的做法应增加飞机攻角以降低落地速度,而不采用减少升力的方法。

无人机所用的襟翼大部分是费雷式襟翼,还有其他如莱特式、富勒式等形式。因滚转的力臂越长越有利(杠杆原理),所以副翼都在翼端,襟翼在翼根,因襟翼和副翼都位于机翼后缘,所以有时候襟翼与副翼结合在一起叫襟副翼。同样情形,如果在三角翼飞机上,升降舵与副翼结合叫升降副翼,图 1-4-4 所示的 V 型尾翼机就是升降副翼。

图1-4-4 V型尾翼机

副翼往下后,除升力增加,阻力也同时增加;副翼往上,升力减少,阻力也同时减少。当一架飞机想往右转,此时右边副翼往上,升力减少,左边副翼往下,升力增加,飞机往右滚配合升降舵开始转弯。但一架高展弦比的飞机欲往右转,左边副翼往下时,因机翼的扭矩增大,使机翼外洗角变大,抵消了升力,且产生的阻力过大,因减速的作用,于是左翼偏后右翼往前,又因上反角的关系,右翼攻角增大,左翼攻角减小,飞机反而往左转,这种现象叫副翼倒转。要避免副翼倒转情形发生,可以设定差动,就是让副翼往下的角度比往上的角度小,以便减少阻力,此外就是机翼的刚性要加强以抵抗扭力。

(四) 扰流器

飞机要降低速度时可以将襟翼放下,但襟翼放下升力会增加,扰流器(图1-4-5)可立刻降低速度却不增加升力,甚至降低升力。扰流器有各种各样的形式,有些装在机翼上面,有些装在机翼下面,装在机身上的一般称为空气刹车,效果都不错。但安装时要尽量密合,以减低寄生阻力。另外,扰流器也可用来转向,原理与副翼倒转原理完全一样,只是故意让它发生的,如要右转,则把右边扰流器放下,产生左偏航,因上反角关系飞机朝右弯。

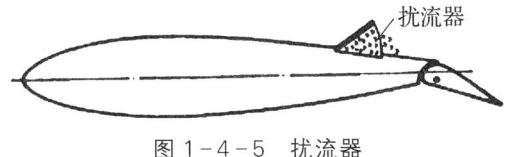

图1-4-5 扰流器

(五) 前翼机

前翼机是水平尾翼在机身的前端,主翼在后端的飞机,莱特兄弟的第一架飞机就是前翼机,如图1-4-6所示。1903年12月17日,第一架飞机12s飞了40m,图中趴在飞机上的是弟弟,站着的是哥哥,垂直尾翼两片在后面,水平尾翼两片在前面。

如图1-4-7所示,第一架不着陆环绕地球一周的飞机"旅行家号"也是前翼机。这架飞机使用高科技材料,空重只有900kg,却载了3150kg的油料,全身有17个油箱,本来有翼端小翼的,右边起飞时在地上摩擦掉了,为了平衡所以把左边小翼设法在空中晃掉。事实上,它的制造厂伯特·鲁坦飞机公司出品的飞机都是前翼机。前翼机的优点:一是它的水平前翼产生升力,可分担主翼的负担,不像传统飞机的水平尾翼产生向下的配平力;二是可以把前翼攻角装得比主翼稍大,且展弦比稍高,这样可以确保前翼先失速,失速后头先往下掉,可迅速获得速度来恢复控制。但是前翼机飞行是一种不稳定平衡,这在前面已经说过。

图 1-4-6 莱特兄弟的前翼机

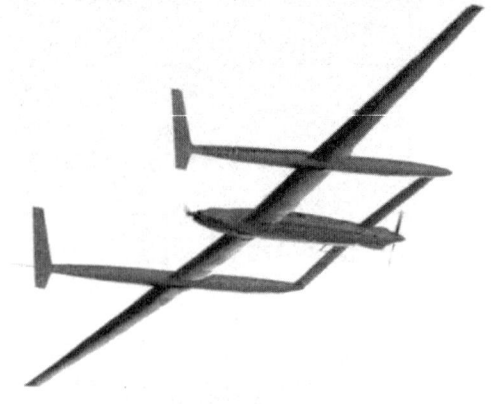
图 1-4-7 前翼机"旅行家号"

第五节　固定翼无人机结构及飞行原理

一、固定翼无人机的结构

固定翼无人机的飞行平台主要由六大部分组成：机身、机翼、尾翼、起落装置、飞行自动控制系统和动力系统。

（一）机身

机身主要用来装载发动机、燃油、任务设备、电源、控制操纵系统等，并通过它将机翼、尾翼、起落架等部件连成一个整体。

（二）机翼

机翼是飞行器用来产生升力的主要部件。固定翼无人机的机翼有平直翼、后掠翼、三角翼等。平直翼比较适用于低速飞行器，后掠翼和三角翼比较适合高速飞行器。机翼上一般还有副翼，用于控制飞机的倾斜，当左右副翼偏转方向不同时，就会产生滚装力矩，使飞行器产生倾斜运动。

（三）尾翼

尾翼分垂直尾翼与水平尾翼两部分，如图 1-5-1 所示。对于一些结构比较特殊的无人机来说，可能会不设垂直尾翼或水平尾翼。

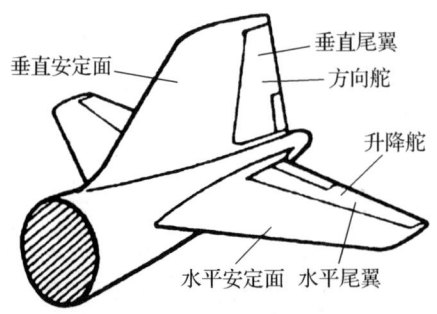
图 1-5-1 垂直尾翼与水平尾翼

垂直尾翼是垂直安装在机身尾部，主要功能为保持机体的方向平衡和操纵。通常垂直尾翼后缘有用于操纵方向的方向舵。水平尾翼是水平安装在机身尾部，主要功能为了保持俯仰平衡和俯仰操纵。

（四）起落装置

起落装置的功用是使无人机在地面或水面进行起飞、着陆、滑行和停放。对于无人机来说，起落装置是形式最多样的一部分，其原因是无人机有多种发射/回收方式。大型无人机的起落装置包含起落架和改善起落性能的装置两部分，起飞后起落架收起，减少飞行阻力；多数无人机的起落架很简单，飞行时也不收起；对于采用弹射、拦阻网等方式进行发射/回收的小型无人机则不需要起落架；对于采用手掷发射的小型无人机，就没有起落装置；伞降回收的无人机着陆装置就是降落伞。弹射起飞和伞降回收的无人机如图 1-5-2 所示。

（a）弹射起飞　　　　　　（b）伞降回收

图 1-5-2　起落装置

（五）飞行自动控制系统

无人机飞行自动控制系统是集成 GPS 接收机、三轴 MEMS 陀螺仪、三轴加速度计、三轴磁传感器、高精度气压计，以提供高精度姿态模式，可限制固定翼无人机最大倾斜角度，防止固定翼无人机在操作不当的情况下侧翻。同时，能够实现自动盘旋和自动降落，可以最大限度地减轻操作压力。

飞行自动控制系统主要包括机载飞行自动控制模块、GPS 模块、空速模块、电源模块、通讯模块、地面站软件系统。利用飞行自动控制系统，可以设定飞行航线、飞行高度、飞行速度等，还可以控制无人机自动盘旋、自动起飞以及自动按航线降落，在飞行过程中可以实时改变飞行任务等，以及自动控制相机拍照并且记录拍照点的信息。

飞行自动控制系统主要应用于无人机的自动驾驶。

地面遥控系统包括监控台、指令编码器、副载波调制器、载波调制器、发射天线、地面检测接收机等基本设备和辅助设备。地面遥控系统在监控台、PC 机、引导设备和外部接口设备等的支持下，完成对无人机的目标跟踪和遥控指令的产生与控制。遥控指令和数据的形成在实施控制前一般要制定好，遥控计划在无人机经过地面站上空前送往相应的监控站。当无人机进入地面站的覆盖区域时，必须由地面人员发出遥控指令加以控制，使之做出各种动作，完成既定任务，实现预期目标。

地面站的准备工作包含以下两部分：

（1）安装具有电子地图功能的地面站软件。可在任务进行时更改航线和任务，实时进行半自主式遥控,并可以实时记录飞行数据和离线回放。

(2)开启自动驾驶仪供电电压监测、电动飞机动力电压监测、电动飞机供电电流监测以及电池使用电量监测、GPS精度检测、自动驾驶仪温度检测等。首先通过 Google Earth 制作地图,载入地面站软件中,然后在屏幕上拖拽出一个矩形,或输入 GPS 航点,就能自动生成飞行航线。

地面站上详尽地显示飞行数据(图1-5-3),如无人机所在坐标、电压电量、飞行姿态、飞行速度、飞行高度、离目标点的距离、离起飞点的距离等,可随时了解飞机的飞行情况,并可利用地面站对无人机进行操作,如一键开伞、自动返航、自动盘旋、临时指定目标点等。地面站是固定翼无人机实现安全飞行的得力助手。

图1-5-3 地面站

(六)动力系统

固定翼无人机的动力系统需要考虑的因素较多,目前固定翼无人机的动力系统多使用电池作为动力源。但是如果仅仅增加无人机系统的电池数量,并不能延长其飞行时间以及扩展其载荷能力。鉴于特定能源的现状,想实现更高的有效载荷和更长的飞行时间需要考虑以下两点:质量比能(每单位质量所具有的能量)和体积比能(每单位体积所具有的能量)。仅仅考虑能量源并不是正确的方式,因为整个系统(能源+推进系统)都会影响飞行的性能。如果推进系统(如涡轮或燃料电池)非常沉重,具有极高能量密度的能源(如煤油或 H_2)并不会起到什么作用。推进系统的效率因素也有很大的不同:电池供电系统将73%的能量转化为动力,燃料电池将44%的能量转化为动力,而燃烧发动机仅有39%的能量转化为动力。另一个影响能源用途的因素是其预期的使命,即无人机应该飞行的时间更长还是携带更高的负荷? 无人机应该在有限的半径内飞行还是在遥远的云层之上飞行,这些问题对能源的用途有很大的影响,所以不同的操作方案要选择不同的能量源。

二、固定翼无人机的飞行原理

固定翼无人机的飞行原理:无人机前进靠的是发动机的动力带动螺旋桨旋转产生的向前牵引力或喷气产生的向前推力,上升则根据伯努利原理,即流体(包括气流和水流)的流速越大,其压强越小;流速越小,其压强越大。

飞机的机翼做成的形状就可以使通过它机翼下方的流速低于上方的流速,从而产生了机翼上、下方的压强差(即下方的压强大于上方的压强),因此就有了一个升力,这个压强差(或者说是升力的大小)与飞机的前进速度有关。

飞机前进的速度越大,这个压强差,即升力也就越大。所以飞机起飞时必须高速前行,才能让飞机升上天空。当飞机需要下降时,只要减小前行的速度,其升力自然会变小,直至小于飞机的重量,它就会下降着陆了。

三、固定翼无人机的优势与劣势

固定翼无人机由于结构上的优势,以及飞行原理上的优势,发动机不需要克服机身重力。理论上电机的推力只要在机身重力的1/10量级上就可以飞起来,在相同规格参数下,固定翼无人机和多旋翼无人机相比较,固定翼可以装载更大的电池或更多的设备,同样容量的电池也可以飞行更长时间,所以续航时间完全超越了旋翼机。再考虑到速度上的优势,固定翼无人机的航程一般能达到80km/h以上,是多旋翼无人机的3～5倍,在搭载同样设备的情况下,可对线路进行更大范围的排查。

就长线路大范围排查而言,更需要长航时长距离的飞行,因此,通常选择固定翼无人机。但固定翼无人机并不是没有缺点,其最大的缺点如下:

(1) 固定翼无人机通常需要很长的跑道来起飞,发动机向后推动气流,欲得到向上的升力,必须有足够大的前进速度,当气流从前向后流与无人机的相对速度足够大时,根据流体力学理论,才能分解出足够大的向上升力,使无人机起飞。因此,普通固定翼无人机需要足够长的跑道助跑,使无人机加速到足够的速度,才能产生足够的向上升力。

(2) 固定翼无人机由于飞行速度快,舵面灵活,受风影响大,容易发生侧翻事故,因此对无人机操控者的要求较高。

四、图像收集与处理

无人机以其机动灵活、便携等优势,搭载相机可在阴天云下获取光学影像,可低空获取高分辨率影像,可远距离长航时飞行,可在高危地区探测,可在复杂环境下做复杂航线飞行。在无人机上加入空速管,可更精准地控制飞行速度,以实现无人机能够在航行过程中等距拍照,使图片重叠率达到40%以上(图1-5-4)。同时运用飞行自动控制系统为图片加入POS信息,将收集到的图片通过处理、分析,可发现线路上的外破隐患。运用计算机软件对图片进行拼接和整理,可以得到一条完整线路的图像,方便维护管理。

图1-5-4 图像拼接处理

五、固定翼无人机的典型运用

传统电力巡线是由人工完成的,通常要出动大批人员,翻山越岭去巡视线路或者查找故障。假设一条线路有100基杆塔,如果发生跳闸重合闸不成功事件,排查范围根据故障录波位置,通常要在录波前后排查20基杆塔,则总共就有40基杆塔,按平均挡距为300m的线路,需要巡视的线路长度达12km,而正常巡视的行走路径往往是线路长度的4倍以上,则需行走48km。在巡线过程中,容易发生人身安全事故,而利用无人机巡视,既减少了人工登杆的次数,也避免了登杆过程中发生的意外。

第六节 单旋翼无人机结构及飞行原理

单旋翼无人机也叫直升机,是一个年轻的机种,直到20世纪30年代末,世界上才造出真正能够操纵的直升机。它主要由旋翼、尾桨、动力装置、操纵系统、传动系统、机身、起落装置、仪表和特种设备等几部分组成。

直升机的发动机和普通飞机一样,有活塞式和喷气式两种,发出的动力通过传动系统的传动轴、离合器、减速器等部件传给旋翼和尾桨,其旋翼和尾桨是普通飞机所没有的。旋翼是产生腾空升力或拉力的部件,直升机的各种飞行动作主要是靠操纵旋翼来完成的。尾桨能够产生反作用力矩,可以起到稳定和改变航向的作用。直升机的操纵系统一般由驾驶杆、脚蹬、油门变距杆、自动倾斜器、旋翼刹车连杆、摇臂等组成,通过操纵可以调节旋翼和尾桨,使直升机能够升降、转弯和任意方向飞行。由于直升机具有这些特殊结构和独特的飞行性能,所以也就有了与普通飞机所不同的特殊本领。

遥控模型直升机的像真度很高,动作灵活多变,可以做出真直升机无法做出的各种特技动作。由于直升机起降不需要跑道,完全是多自由度的运动,是航空运动中最吸引人的机种。正因为如此,遥控模型直升机也是最危险的机种,所谓"三分飞行技术,七分调整保养",如果调整不当,会造成飞行性能下降,严重时会机毁人伤。

一、直升机基本飞行原理

竹蜻蜓是直升机旋翼的雏形,旋翼每片桨叶就相当于竹蜻蜓的叶片,它的作用同旋翼的作用相似。当旋翼在发动机的带动下旋转起来时,就好像竹蜻蜓被搓动起来一样,旋翼旋转和空气形成相对运动,桨叶便产生了向上的升力。直升机能够升空,就是由于旋翼旋转所产生升力的结果。在适当的范围内,旋翼的转速越大或桨叶的迎角越大,升力也就越大。

当然,旋翼在构造上远比竹蜻蜓复杂。它一般由2~5片窄长的桨叶组成,由1~2台活塞式发动机或涡轮轴发动机带动。目前,世界上广泛使用的是关节式旋翼。它的每片桨叶都通过轴向关节、垂直关节和水平关节与桨叶相连接,就像人的手臂通过肩关节与人体相连,并能自由活动一样。桨叶的轴向关节允许桨叶转动,并可以增大或减小桨叶安装角(攻角);水平关节允许桨叶像挥扇子一样上下挥舞;垂直关节允许桨叶前后适当摆动。应当明确,桨叶安装角是指桨叶切面的翼弦同桨及旋转平面之间的夹角,简称桨叶角;桨叶切面迎角是指桨叶切面的翼弦同相对气流之间的夹角,简称桨叶迎角。在相对气流不变的情况下,桨叶角增大或减小,桨叶迎角也随之增大或减小。桨叶角的改变,是调节桨叶升力的重要环节。

旋翼不仅构造复杂,其运动情况也很复杂。当旋翼旋转起来以后,每一片桨叶上都有三个力在互相作用。第一个力是升力,它力图使桨叶绕水平关节向上;第二个力是桨叶旋转产生的离心力,它力图使桨叶保持水平;第三个力是旋翼本身的重量即重力,它力图使桨叶绕水平关节向下挥。这三个力互相矛盾,最后取得平衡,使桨叶稳定在一个向上掀起的位置。由于各个桨叶在转动中都向上掀起一个角度,旋翼旋转的形状便像一把倒立的雨伞,人们称作旋翼锥体。

旋翼形成锥体后,因各桨叶都向上掀起,升力就随之向内倾斜。于是,桨叶的升力便分解为一个垂直向上的分力和一个水平方向的分力。显然,各桨叶水平方向的分力,就像力量相等的人拔河一样互相抵消,合力为零;各桨叶垂直向上的分力相加,所产生的合力便是旋翼的总升力,这个总升力的作用线通过旋翼锥体的中心。如果我们把旋翼的锥体比作一把倒立的雨伞,则总升力就好像是它的无形伞把,如图1-6-1所示。

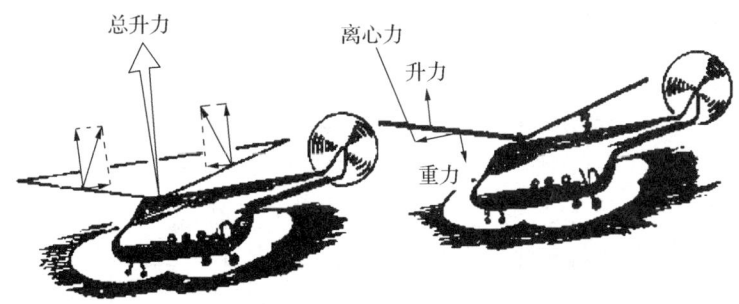

图1-6-1 旋翼锥体的形成及总升力

(一) 垂直升降与悬停

在直升机座舱内,位于飞行员的左手下方有一个油门变距操纵杆,简称油门变距杆。它一方面与发动机的节气门连接,另一方面通过传动杆与旋翼旋转轴上的自动倾斜器连接。当倒立的雨伞——旋翼的旋转面保持水平时,旋翼的总升力便垂直向上,这时候飞行员将油门变距杆逐渐向上提起,发动机节气门逐渐开大,旋翼的转速随之增加,同时通过传动杆和自动倾斜器,使所有桨叶的桨叶角同时增大。这样,各桨叶的升力都增加,旋翼的总升力就增加。当总升力大于飞机的重量时,直升机便离开地面垂直上升,上升到一定的高度,飞行员稍下放油门变距杆,发动机节气门减小,旋翼的转速也减小,同时所有桨叶的桨叶角都减小,这样总升力也随之减小,直到总升力等于飞机重量,直升机便停在空中不动。若继续下放油门变距杆,使总升力小于飞机重量,直升机便垂直下降。这就是直升机直升、直降和空中悬停的基本原理。

(二) 飞行操作

1. 升降。很多人认为,直升机在垂直方向上的升降是通过改变主螺旋桨的转速来实现的。当然,改变主螺旋桨的转速也不失为实现机体升降的方法之一,但直升机设计师们很早就发现,提升主螺旋桨输出功率会导致机身整体负荷加大。所以,目前流行的方法是在保持主螺旋桨转速一定的情况下依靠改变主螺旋桨的桨叶倾角来调整机身升力的大小。操控员可通过升降舵来完成这项操作。当把升降舵向上推时，主螺旋桨的桨叶倾角增大，直升机上升；反之，直升机下降。需要保持当前高度时，一般将升降舵杆置于中间位置。

2. 平移。直升机最大飞行优势之一是可以在不改变机头方向的情况下，随时向各个方向平移。这种移动是通过改变主螺旋桨的旋转倾角来实现的。当无人机操控员向各个方向扳动周期变距杆时，主螺旋桨的主轴也会发生相应的倾斜。此时，主螺旋桨所产生的推力分解为垂直和水平两个方向的分力，垂直方向的分力依旧保持飞行高度，水平方向上的分力可使机身在该方向上产生平移。

3. 旋转。旋转功能是通过直升机的尾螺旋桨来完成的。对于只装有一具主螺旋桨的直升机来说，如果把机身和主螺旋桨看作一对施力和受力物体的话，主螺旋桨旋转所产生的反作用力必然会使机身向相反的方向转动。要保持机身的稳定，就必须增加一个额外的力矩来抵消这种旋转，这也是设计师在直升机尾部安装尾螺旋桨的原因。当直升机处于直线飞行时，尾桨的推力力矩与主桨的反作用力矩刚好构成一对平衡力矩，只需改变尾桨的输出功率，机身就可以在水平面上进行旋转。大多数直升机都是通过方向舵来调整机头方向的。

二、直升机关键部件结构

（一）旋翼桨毂

旋翼锥体怎样才能向前倾斜呢？这要靠直升机旋翼操纵系统（图1-6-2）的自动倾斜器来完成。在座舱内，飞行员前面装有驾驶杆，它通过传动轴与自动倾斜器连接。如果飞行员前推驾驶杆，通过传动轴就会使自动倾斜器向前倾斜，同时带动旋翼锥体也向前倾斜，总升力也随之往前倾，直升机就向前飞。同样道理，如果飞行员往后拉驾驶杆，就会使旋翼锥体向后倾斜，直升机就向后飞；如果飞行员向左右压驾驶杆，就能使直升机向左右侧飞。总之，驾驶杆往哪个方向运动，直升机就能向哪个方向飞行。

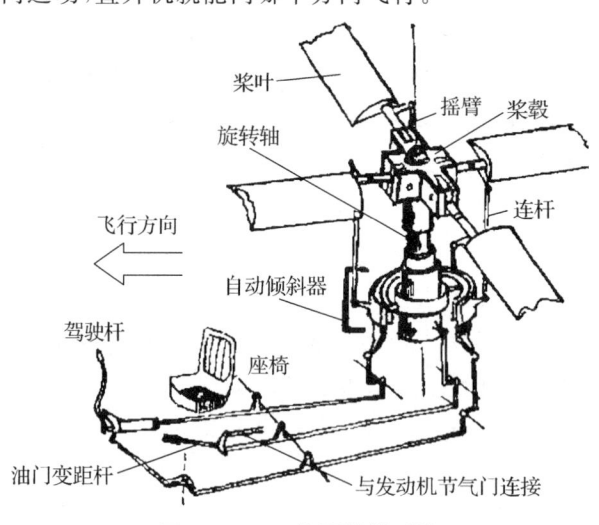

图1-6-2 旋翼操纵系统

由图1-6-2可知，旋翼系统由桨叶和桨毂组成。旋翼形式是由桨毂形式决定的，它随着材料、工艺和旋翼理论的发展而发展。旋翼桨毂结构形式如图1-6-3所示。

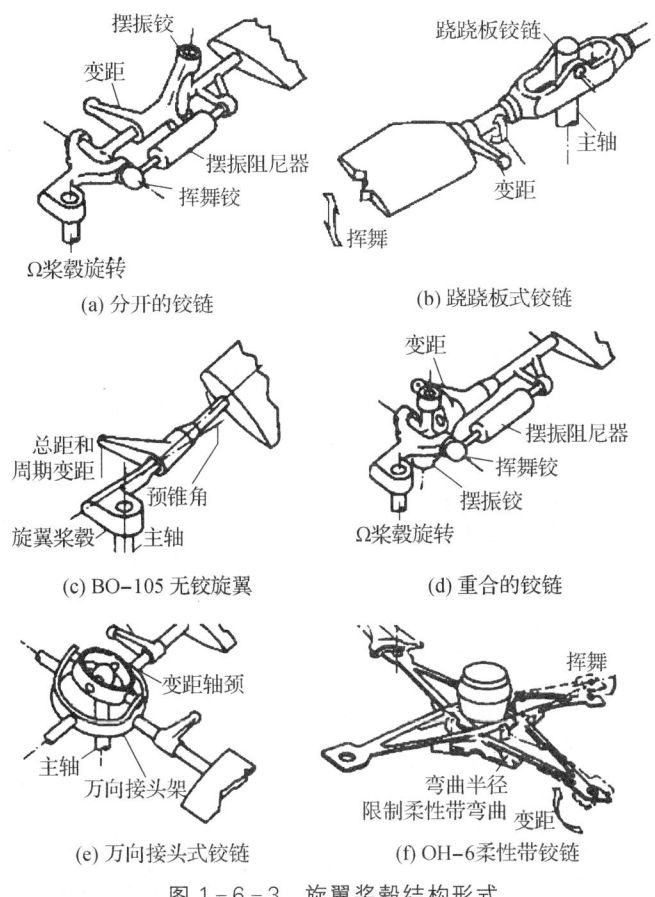

图 1-6-3 旋翼桨毂结构形式

直升机这个独特的翅膀——旋翼,虽然是仿照竹蜻蜓原理制成的,但它的本领远远超过了竹蜻蜓。它既像一个旋转的机翼,能够产生升力,又像普通飞机的螺旋桨,可以产生拉力;还可以代替舵面进行操纵,起到普通飞机升降舵和副翼的作用。

(二)尾旋翼

直升机不仅有独特的翅膀,单旋翼直升机还必定有一个奇怪的尾巴,长长的尾巴末端还向上翘着,上面装有一具小螺旋桨。

直升机的旋翼在空气中转动时,它的每一片桨叶就好像木桨做圆圈划水一样,空气也会给旋翼一个反作用力矩,反作用力矩传递到机身上,就使机体向旋翼旋转的相反方向旋转起来。正是这个反作用力矩,给单旋翼直升机带来了麻烦,使其无法保持一定的航向,因此也就无法飞行。

为了平衡这个来自空气的反作用力矩,有两种常见的办法组合形成了现代多种旋翼布局形式,如图 1-6-4 所示。旋翼之所以会出现不同的布局形式,主要是因平衡旋翼轴带动旋翼转动工作时,空气作用其上的反作用力矩所采取的方式不同而形成的。

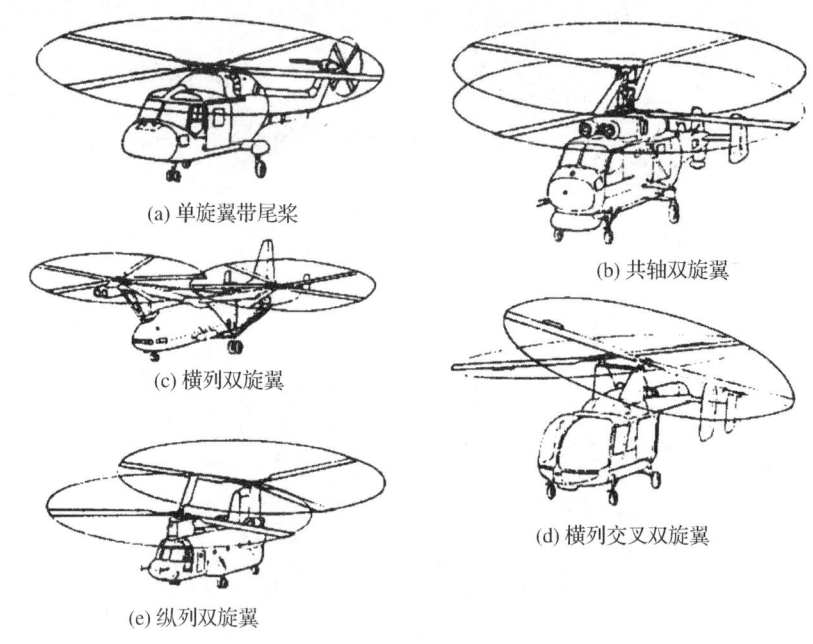

(a) 单旋翼带尾桨
(b) 共轴双旋翼
(c) 横列双旋翼
(d) 横列交叉双旋翼
(e) 纵列双旋翼

图1-6-4 直升机旋翼布局形式

1. 单旋翼带尾桨布局。空气对旋翼形成的反作用力矩,由尾桨产生的拉力(或推力)相对于直升机机体重心形成的偏转力矩予以平衡。这种方式目前应用较广泛,虽然尾桨工作需要消耗一部分功率,但构造上比较简单。

2. 双旋翼式布局。由于在直升机上装有两副旋翼,可以有共轴式双旋翼,也可以有纵列式双旋翼或者横列式双旋翼(含交叉双旋翼),通过传动装置使两副旋翼彼此向相反方向转动,那么空气对其中一副旋翼的反作用力矩正好被另一副旋翼的反作用力矩所平衡。

(三)尾旋翼结构

单旋翼直升机带有一个尾部螺旋桨,简称尾桨,安装在直升机的尾部,让它产生向左或向右的阻力,对直升机的重心形成一个偏转力矩。如果这个偏转力矩跟直升机的反作用力矩大小相等、方向相反,直升机就能得到力矩的平衡,这样直升机就不会向旋翼旋转的相反方向旋转了。

尾桨由桨叶、轴向关节、水平关节和桨毂等组成,如图1-6-5所示。轴向关节允许桨叶转动,增大或减小桨叶角。

为了使尾桨不至于碰到旋翼,必须把直升机的机身加长。机身后面像尾巴一样的细长段,称为尾梁。把尾梁和尾桨连接起来的转折段叫尾斜梁。尾桨就装在尾斜梁的顶端。

尾桨不仅用来平衡旋翼的反作用力矩,使单旋翼直升机保持稳定的航向,而且还起到普通飞机方

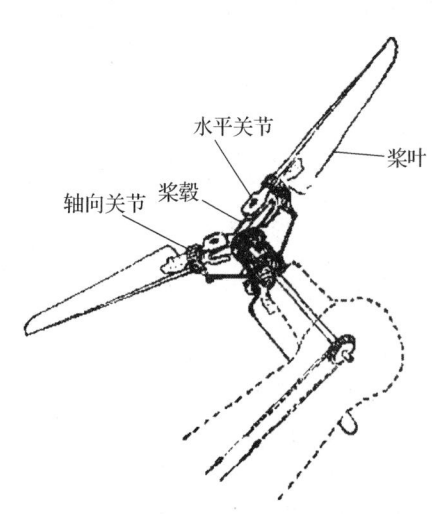

图1-6-5 尾桨的构造

向舵的作用,可以进行方向操纵。它是通过方向舵遥控控制的。可以通过操纵方向舵使尾桨每片桨叶的桨叶角同时增大或减小,整个尾桨的拉力也随之增大或减小。这样尾桨产生的偏转力矩就可按照我们的需要大于或小于旋翼的反作用力矩,于是直升机就能任意向左或向右偏转。为了适应飞行员的操作习惯,在设计上都是向右打方向舵时向右转弯,向左打方向舵时向左转弯。

尾桨这一特殊的功能,也造就了直升机的特殊性能。普通飞机在空中转弯时,必须绕一个很大的转弯半径才能转得过来,相比之下,直升机却灵活得多。它在空中悬停不动时,只要打方向舵,就可以原地转向任何方向,还可以在空中做360°定点转弯,这就是尾旋翼的功能。

第七节 多旋翼无人机结构及飞行原理

多旋翼无人机是一种近几年迅速发展起来的新型无人飞行器,它是一种由三个或者更多旋翼(主要以四、六、八旋翼数量为主)构成的垂直起降型飞行器,也称多轴飞行器。区别于传统的直升机,多旋翼各个方向的运动都是由各个旋翼转速差别来完成,具有非常简单的机械结构。

近几年随着多旋翼飞行控制系统的逐步完善,多旋翼无人机操作难度逐步降低,飞行稳定性逐渐上升。特别是其机械结构相对简单,没有复杂的传动和控制设备,使其飞行可靠性大大提高。2005年年初出现的多旋翼无人机是以玩具的形式出现在市场上,无法承担更多实际的作用,随着深圳市大疆创新科技有限公司不断推出更简单实用的新型多旋翼无人机,多旋翼无人机市场在2013年后迅速爆发。发展至今,多旋翼无人机已经广泛应用在航拍、影视、农业、电力等方方面面,改变着人们的生活。

一、多旋翼无人机的结构形式

多旋翼无人机的旋翼对称分布在机体的前、后、左、右四个方向,4个旋翼处于同一高度平面,且4个旋翼的结构和半径都相同,4台电动机对称地安装在无人机的支架端,支架中间空间安放飞行控制计算机和外部设备,其结构形式如图1-7-1所示。

二、多旋翼无人机的飞行原理

四旋翼无人机通过调节4台电动机转速来改变旋翼转速,实现升力的变化,从而控制无人机的姿态和位置。四旋翼无人机(图1-7-2)是一种六自由度的垂直升降机,它只有4个输入力,却有6种状态输出,所以它又称为欠驱动系统。

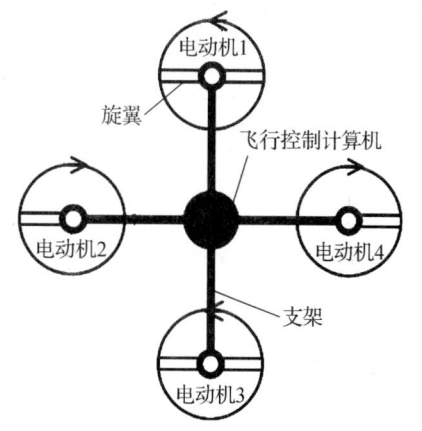

图1-7-1 多旋翼无人机的结构形式

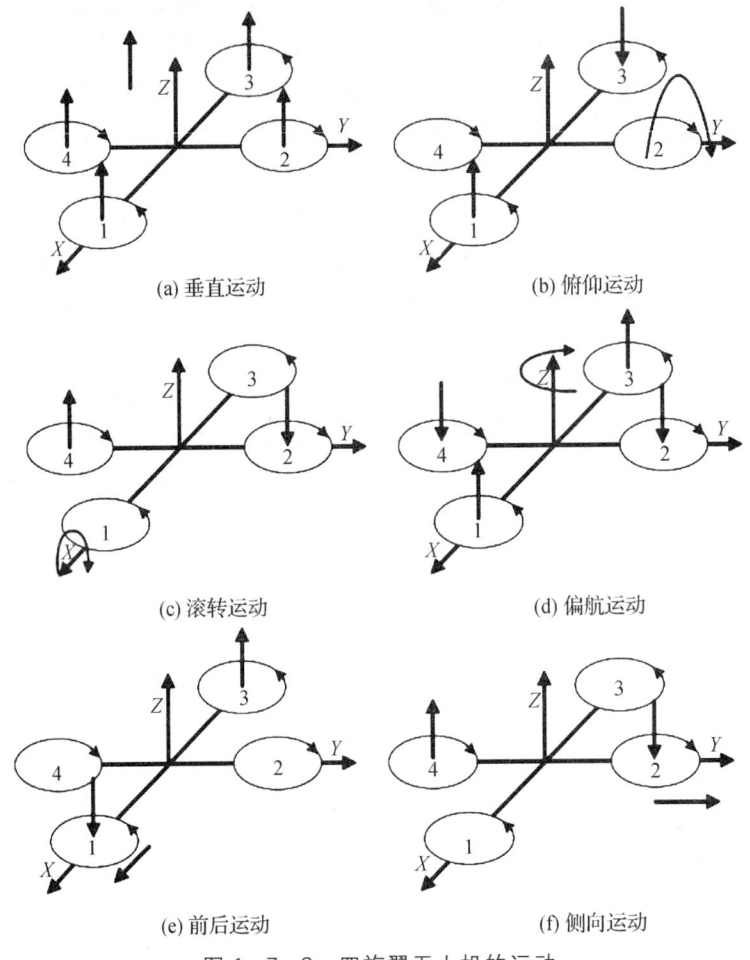

图 1-7-2 四旋翼无人机的运动

四旋翼无人机的电动机 1 和电动机 3 逆时针旋转的同时,电动机 2 和电动机 4 顺时针旋转,因此当无人机平衡飞行时,陀螺效应和空气动力扭矩效应均被抵消。

如图 1-7-2 所示,规定电动机 1 和电动机 3 做逆时针旋转,电动机 2 和电动机 4 做顺时针旋转,沿 X 轴正方向运动称为向前运动,箭头在旋翼的运动平面上方表示此电动机转速提高,在下方表示此电动机转速下降。

(一) 垂直运动

如图 1-7-2(a)所示,同时增加 4 台电动机的输出功率,旋翼转速的增加使得总的拉力增大,当总拉力足以克服整机的重量时,四旋翼无人机便离地垂直上升;反之,同时减小 4 台电动机的输出功率,四旋翼无人机则垂直下降,直至平衡落地,实现了沿 Z 轴的垂直运动。当外界扰动量为零时,在旋翼产生的升力等于飞行器的自重时,无人机便保持悬停状态。

(二) 俯仰运动

如图 1-7-2(b)所示,电动机 1 的转速上升,电动机 3 的转速下降(改变量大小应相等),电动机 2、电动机 4 的转速保持不变。由于旋翼 1 的升力上升,旋翼 3 的升力下降,产生的不平衡力矩使机身绕 Y 轴旋转;同理,当电动机 1 的转速下降,电动机 3 的转速上升,机身

便绕 Y 轴向另一个方向旋转,实现无人机的俯仰运动。

（三）滚转运动

如图 1-7-2(c)所示,其原理与俯仰运动相同,改变电动机 2 和电动机 4 的转速,保持电动机 1 和电动机 3 的转速不变,则可使机身绕 X 轴旋转（正向和反向),实现无人机的滚转运动。

（四）偏航运动

旋翼转动过程中由于空气阻力作用会形成与转动方向相反的反扭矩,为了克服反扭矩影响,可使 4 个旋翼中的 2 台正转,2 台反转,且对角线上的各个旋翼转动方向相同。反扭矩的大小与旋翼转速有关,当 4 台电动机转速相同时,4 个旋翼产生的反扭矩相互平衡,四旋翼无人机不发生转动；当 4 台电动机转速不完全相同时,不平衡的反扭矩会引起四旋翼无人机转动。如图 1-7-2(d)所示,当电动机 1 和电动机 3 的转速上升,电动机 2 和电动机 4 的转速下降时,旋翼 1 和旋翼 3 对机身的反扭矩大于旋翼 2 和旋翼 4 对机身的反扭矩,机身便在富余反扭矩的作用下绕 Z 轴转动,实现无人机的偏航运动,转向与电动机 1、电动机 3 的转向相反。

（五）前后运动

要想实现无人机在水平面内前后、左右的运动,必须在水平面内对无人机施加一定的力。如图 1-7-2(e)所示,增加电动机 3 转速,使拉力增大,相应减小电动机 1 转速,使拉力减小,同时保持其他两台电动机转速不变,反扭矩仍然要保持平衡。按俯仰运动的理论,无人机首先发生一定程度的倾斜,从而使旋翼拉力产生水平分量,因此可以实现无人机的前飞运动。向后飞行与向前飞行正好相反［在图 1-7-2(b)和图 1-7-2(c)中,无人机在产生俯仰、滚转运动的同时也会产生沿 X、Y 轴的水平运动］。

（六）侧向运动

如图 1-7-2(f)所示,由于结构对称,所以侧向飞行的工作原理与前后运动完全一样。

第二章 无人机操控技术

第一节 飞行安全

一、飞行环境

(一) 大气飞行环境

1. 大气结构。飞行所处的大气是环绕地球并贴近其表面的一层空气包层。它是地球相当重要的一个组成部分,就像海洋或者陆地一样。然而,空气不同于陆地和水,因为它是多种气体的混合物,具有质量和不确定的形状。

空气像其他任何流体一样,由于分子内聚力的缺乏,当受到非常微小的压力时就会流动和改变它的形状。例如,气体会充满任何装它的容器,膨胀和传播直到其外形达到容器的限制。

大气是由78%的氮气、21%的氧气以及1%的其他气体(如氩气和氦气)组成。由于部分元素比其他元素重,较重的气体如氧气有个天然的趋势,会占据地球的表面,而较轻的气体会升到较高的区域。这就解释了为什么大多数氧气包含在10 000m高度以下。

因为空气是一个物体,有质量也有重量,所以科学定律会像其他物体一样对空气同样起作用。空气驻留于地球表面上,有它的重量,在海平面上产生的平均压力为1.013×10^5Pa。由于其浓度是有限的,在更高的高度上,那里的空气就变得更加稀薄。正是由于这个原因,5500m高度的空气重量仅仅是海平面上的一半。

(1) 大气压力。尽管有多种压力,这里所讨论的主要是大气压力。它是天气变化的基本因素之一,帮助提升飞机,也驱动飞机里的某些重要飞行仪表。这些仪表有高度仪、空速指示仪、爬升率指示仪和进气压力表。虽然空气很轻,同样受重力吸引的影响,因此和其他物质一样,就会产生力。由于它是流体物质,朝各个方向施加的力是相等的,它作用于空气中物体的效果就是压力。在海平面的标准条件下,由于大气重量而施加于人体的平均压力大约为1.013×10^5Pa。空气密度对飞机的性能有重大的影响:如果空气密度变低,① 飞机会降低动力,因为引擎吸收更少的空气;② 降低推力,因为螺旋桨在稀薄的空气里更低效;③ 降低升力,因为稀薄的空气对机翼施加的力更小。

(2) 压力对密度的影响。由于空气是气体,它可以被压缩或者膨胀。当空气被压缩时,一定的容积可以容纳更多的空气;相反,当一定容积上空气的压力降低时,空气会膨胀且占据更大的空间。那是因为较低压力下的最初空气体积容纳了更少质量的空气。换句话说,就是空气密度降低了。事实上,密度直接和压力成比例。如果压力增倍,密度也就增倍;如果压力降低,密度也就相应地降低,但这个说法只在恒定温度条件下成立。

(3) 温度对密度的影响。增加物质温度的效果就是降低其密度;相反,降低温度就有增加密度的效果,即空气密度和绝对温度成反比例变化。这个说法也只在恒定压力的条件下成立。

在大气中,温度和压力都随高度而下降,对密度的影响是矛盾的。然而,随着高度的增加,压力下降非常快,因此可以预期密度是随高度下降的。

(4) 湿度对密度的影响。前面段落的叙述都假设空气是完全干燥的。实际上,空气从不是完全干燥的,空气中的少量水蒸气在特定情况下几乎可以忽略,但是在其他条件下湿度可能成为影响飞机性能的重要因素。水蒸气比空气轻,因此湿空气比干空气要轻。在给定的一组条件下,空气包含最多的水蒸气,则其密度就最小。温度越高,空气中能包含的水蒸气就越多。当对比两个独立的空气团时,第一个温暖潮湿(两个因素使空气趋于变轻)的气团和第二个寒冷干燥(两个因素使得空气变重)的气团,第一个的密度必定比第二个低。压力、温度和湿度对飞机性能有重要的影响,就是因为它们直接影响空气密度。

2. 通用航空飞行环境。在飞机起飞、降落和空中飞行的各个阶段都会受到气象条件的影响,风、气温、气压都是影响飞行的重要气象要素。地面风会直接影响飞机的操纵,高空风会影响飞机在航线上的飞行速度和加油量。气温高低,可改变发动机的推力、影响空速表、影响起落滑跑距离等。气温高于标准大气温度时,会增加飞机起飞滑跑距离和上升爬高时间,降低飞机载重量。气压会影响飞机的飞行高度。由于各地气压经常变化,往往造成气压高度表指示的误差。此外,雷暴、低云、低能见度、低空风切变、大气湍流、空中急流、颠簸、结冰等天气现象都直接威胁飞行安全。

(二) 天气对飞行的影响

无人机在飞行中无时无刻不受气象条件的影响。例如,云量的多少、云底高度、厚薄直接影响飞行视程和飞机的起降;无人机在空中飞行时,气温超过一定限度,将影响飞机的载重;较低的能见度直接影响无人机的起飞和着陆;风会改变飞机的上升率、下滑率和滑跑距离;冰雹会打坏飞机和其他地面设备等。

1. 风对飞行的影响。近地面的风,对无人机起降的安全有直接影响。无人机顺风起飞、着陆会增加滑跑距离,当风速超过规定值时,就有冲出跑道或撞击障碍物的危险。逆风起落可以缩短滑跑的距离,故一般采用逆风起降,但如果逆风超过一定限度也可使无人机操纵困难。

当无人机在侧风中起降时,飞机除向前运动外,还顺着侧风方向移动,如不及时修正就会偏离跑道方向。

2. 云对飞行的影响。云是飞行中经常遇到和常会给飞行活动带来影响的一种气象条件。对飞行的影响主要有:云中能见度很低,影响目视飞行;云中的湍流造成无人机颠簸,以及云中的雷电损坏无人机等。

3. 雾对飞行的影响。雾与飞行的关系十分密切。当跑道上有雾时,会严重地妨碍无人机的起飞和着陆;当目标区有雾时,对目标地飞行、空投、照相、视察等活动有严重的影响。

4. 降水对飞行的影响。大部分无人机是没有防雨能力的,大雨会导致发动机熄火,雨水流进机舱内会引起电路短路,电子元器件的损坏使无人机失控。

(三) 飞行周边环境

飞行安全是指航空器在运行过程中,不出现由于运行失当或外来原因而造成航空器上的人员或者航空器损坏的事件。事实上,由于航空器的设计、制造与维护难免有缺陷,其运行环境,如起降场地、运行空域、助航系统、气象情况等又复杂多变,机组人员操纵也难免出现失误等。

飞行前,应注意观察飞行区域周边电磁干扰源情况。现在主流的无人机无线电遥控设备采用2.4G频段,而现在家用的无线路由器也采用2.4G频段,发射功率虽不高,但城区的范围大,难免会干扰遥控器的无线操控,导致失控。其次,为保证手机信号的覆盖率,国内三大电信运营公司(电信、移动、联通)在城区或乡镇密集性地建设地面基站网络。虽然次无线发射信号的频率和无人机遥控设备的频率相差较大,但由于地面基站发射功率较大,当无人机靠近时,会直接影响飞行控制的正常工作。还有部分较大型无线电设备会直接影响飞行,如雷达、广播电视信号塔、高压线(电弧区)等。

另外,尽量避免在人群稠密或闹市区飞行,如公园以及树多、空间狭小的地方。注意地面相对环境的变化,起飞和降落时,注意小孩、宠物的位置。飞行前注意事项:

(1) 飞行前进行全面的设备检查。
(2) 确保设备电量充足。
(3) 飞行前应从谷歌地图上对飞行区地形地势进行一个初步的了解,选择一个开阔无遮挡的场地进行飞行。请勿超过安全飞行高度(相对高度120m)。
(4) 无人机要在视线范围内飞行,并时刻保持对其的控制。
(5) 在GPS信号良好的情况下飞行。
(6) 遵守当地法律法规(不要在禁飞区飞行,如机场附近、军事基地周边等)。

二、适航安全

(一) 适航性的概念

1. 适航性(airworthiness)。词典的定义是,航空器适宜于空中飞行的性质。

民用航空器的适航性是指航空器能在预期环境中安全飞行(包括起飞和着陆)的固有特性,这种固有特性需要在设计和制造阶段来实现,并在后续使用中通过合适的维护和维修而持续保持。

无人机系统适航性与有人驾驶航空器相比,无人机系统在研制和生产过程中,必须建立与有人驾驶航空器相当的安全水平,并通过持续适航性活动来保证使用的安全水平,以确保其运行不会产生对地面人员的伤害和财产损失。无人机安全风险示意图如图2-1-1所示。

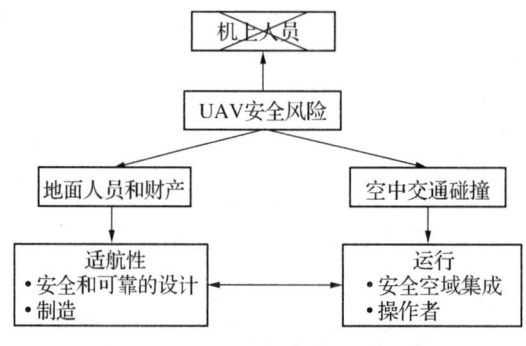

图2-1-1 无人机安全风险示意图

2. 管制空域。我国管制空域包括 A、B、C、D 四类空中交通服务空域。每一个空域都是一划定范围的三维空间,在其内,按照空域类别对其提供仪表飞行规则和目视飞行规则飞行的管制服务。A 类为高空管制空域,在 6 600m(含)以上空间;B 类为中低空管制空域,在 6 600m(不含)以下至最低高度层以上空间;C 类为进近管制空域;D 类为塔台管制空域。

非管制空域是未被制定为管制空域以外的空域。在此空域内不提供空中交通管制服务,但是航空器也要申报飞行计划和飞行姿态。

特殊空域是为了提供政治、军事或科学实验需要,经国务院、中央军委批准,划定一定的空域,限制或禁止民用航空器进入。限制禁航空域也称为限制区和危险区。

(二) 无人机安全飞行操作

1. 无人机的飞行前检查。对无人机的检查:部件的衔接是否牢靠(检查螺旋桨和电动机是否安装正确和稳固,并确认正旋和反旋螺旋桨安装位置正确。检测时切勿贴近或接触旋转中的电动机或螺旋桨,避免被螺旋桨割伤),布线是否安全,机载设备是否工作正常(遥控器、电池以及所有部件供电量充足)。

2. 对遥控器的检查。检查遥控器操控模式(美国手、日本手、中国手等)信号连接情况、电量是否充足、各键位是否复位、天线位置等。对地面的检查:地面通讯、操作系统(地面站)工作是否正常。

3. 对环境的检查。周围环境是否适合作业(恶劣天气下请勿飞行,避开风速五级及以上大风、下雪、下雨、有雾天气等)及起降场地是否合理(选择开阔、周围无高大建筑物的场所作为飞行场地。大量使用钢筋的建筑物会影响磁罗盘工作,而且会遮挡 GPS 信号,导致无人机定位效果变差甚至无法定位),空域有无申报。

无人机的开机顺序:先开启遥控器,后开启无人机。关机顺序:先关闭无人机,后关闭遥控器。以上顺序非常重要,一定不要搞反了,不然无人机会失控。

4. 飞行时注意事项。飞行时,保持良好心态。请保持在视线内控制,远离障碍物、人群密集区、水面等,且请勿在有高压线、通信基站或发射塔等区域飞行,以免遥控器受到干扰。

提醒:当无人机的机翼碰到障碍物卡住时,请立刻关闭油门,关闭动力;否则,会造成大电流烧坏电池、线路板、电动机等设备。

当无人机失去信号时,等待航拍无人机返航或重新获得信号,若信号丢失 5min 后无人机还未返回,可根据手机录的视频确定航拍无人机失联位置,将开启的遥控器及手机至失联位置附近,看是否能连接上坠毁失事的航拍无人机。若能连上,可通过手机屏幕的定位及无人机摄像头的信息确定无人机的坠落地点。

第二节　无人机操控设备

一、无线电信号的发射、接收、舵机传感

从无线电遥控的定义上看,所有能够实现无线遥控的控制系统都应视为无线电遥控装置。为此,我们按其发射和接收波谱频率分为音频声控、可见光控、红外线控、射频电磁波控和载频电磁波控等;按发射和接收的通道数量分为单通道、双通道、四通道、八通道和十通道

以上的多通道等；按发射和接收频率波长分为长波、中波、短波或低频、高频和甚高频等。从广义上看，无线电遥控技术的种类和方式多种多样，我们不能一一详述。为了能使大家对无线电遥控有更加深刻的了解，我们先介绍一下无人机用无线电遥控设备和电路的组成。

无人机的设备一般包括以下几个部分：遥控发射机、遥控接收机、伺服舵机和电子调速器。

（一）遥控发射机

遥控发射机（图2-2-1）就是我们所说的遥控器，它是用来操控无人机的。由于它外部有一个长长的天线，遥控指令都是通过机壳外部的控制开关和按钮，经过内部电路的调制、编码，再通过高频信号放大电路由天线将电磁波发射出去。常用的开关式模拟电路遥控系统，供普通的玩具遥控车模、船模或航模使用，电路的设计和制作比较简单，动作的指令都为"开"和"关"两种，虽然通道的数量可以很多，但遥控的性能和距离较低。而发射机有杆式和枪式两种，通常用比例式无线电遥控器，在动态仿真模型中是当今最为流行的遥控操作系统。由于这两种在调制、编码和电路的组成等方式有所不同，其性价比有很大的差异，所以在价格上也不同。

图2-2-1 遥控发射机

除了这些基本功能之外，一些较高级的发射机还运用了先进的电脑技术，增加了许多附加功能，如存储多种模型车、船的调整数据，一机多用；有计时、计圈功能，方便练习和比赛；有大型液晶显示屏幕，可显示工作状态和各种功能。这两种遥控发射机的基本原理大体上是相同的，只是遥控发射机的外形和操控方式不同罢了。也许有人问：哪种类型好？其实关键是你自己的习惯，喜欢哪种操控方式，一旦你选好了类型，最好不要在中途随便更换发射机的类型，这样会改变你的操控习惯。

（二）遥控接收机

遥控接收机（图2-2-2）是安装在无人机上用来接收无线电信号的。它会处理来自遥控发射机的无线电信号，将所接收的信号进行放大、整形、解码，并把接收来的控制信号转换成执行电路可以识别的音频信号或数字脉冲信号，传输给无人机上的其他电子部件，如舵机电路、电子调速器电路等执行机构，无人机就会通过这些执行机构来完成我们所发出的动作指令。由于接收机是装在无人机上，一般都尽量做得小巧，重量仅几十克，但大多具有很高的灵敏度，性能低一些的接收距离也有几百米，而性能高的能接收千米外发射来的无线电信号。接收机一般都要与发射机

图2-2-2 遥控接收机

配套使用，通常使用专用的电池组或使用6V直流电源（4节5号电池）。

（三）伺服舵机

伺服舵机（图2-2-3）是把从接收机传来的信号转换为机械动作的一种机电一体装置。它的主要作用是把接收机收到的电信号转换成相应的机械动作，借此完成方向和速度的控

制。伺服舵机根据不同用途又可分为普通舵机、强力舵机和微型舵机。普通舵机能满足一般使用要求；强力舵机通常被用在较大的模型或受力较大的控制机构上（如越野车的转向机构）；微型舵机则常被用于尺寸和受力都比较小的车模或船模上。但有的舵机也常分离成单独的个体，这种机电分离的形式常用在非比例执行的控制电路中。早年我们常把它称作随动器或擒纵器，实际就是一个齿轮减速装置，现在的一些开关型的遥控系统常使用它。比例舵机则与往常大不一样，不仅体积小而且精密，是现在比例遥控系统常用的动作执行机械。

图2-2-3 伺服舵机

（四）电子调速器

动力电动机的调速系统称为电调，全称为电子调速器（图2-2-4），英文为Electronic Speed Controller，简称ESC。它是专门用在无人机上的动力输出控制装置，是控制车模或船模上电动机的转速和正反转的一种电子控制电路。也可以说，电子调速器是接收来自接收机控制信号的一种放大装置，它将所接收到的比例信号放大成电动机可直接使用的电压和电流供电动机工作。它与普通的机械式调速器相比，有体积小、寿命长、效率高、输出功率大的优点。一些高级的电子调速器还运用了数码技术，采用高频操作，有多种程式刹车、温控自动保护以及自动断电等功能。

图2-2-4 电子调速器

电子调速器一般为直流输入，通常由2~6节锂电池来供电。输出为三相交流，可以直接驱动无刷电动机。无人机常用的电子调速器还有三根信号输出线，用于连接接收机。信号线可以引出稳定的5V电压，一般可以带2~4个舵机供电。无人机就是通过遥控信号对电子调速器进行控制，以达到调整电动机转速的目的。

电子调速器的连接方法如图2-2-5所示。

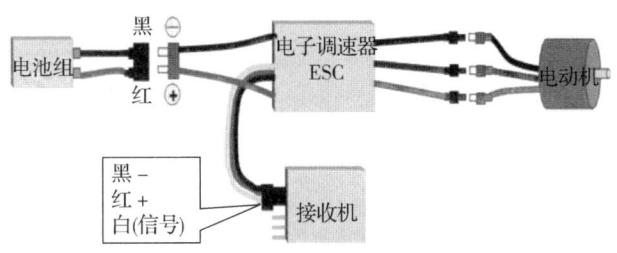

图2-2-5 电子调速器的连接方法

二、发动机

目前供无人机使用的活塞式发动机绝大多数是二行程发动机。根据所用燃料和引起爆燃方式不同,分为电热式、压燃式和脉冲点火式。本节以电热式发动机为例作一介绍。

电热式发动机由气缸、活塞、连杆、曲轴、机匣、汽化器和电热塞等组成,如图2-2-6所示。

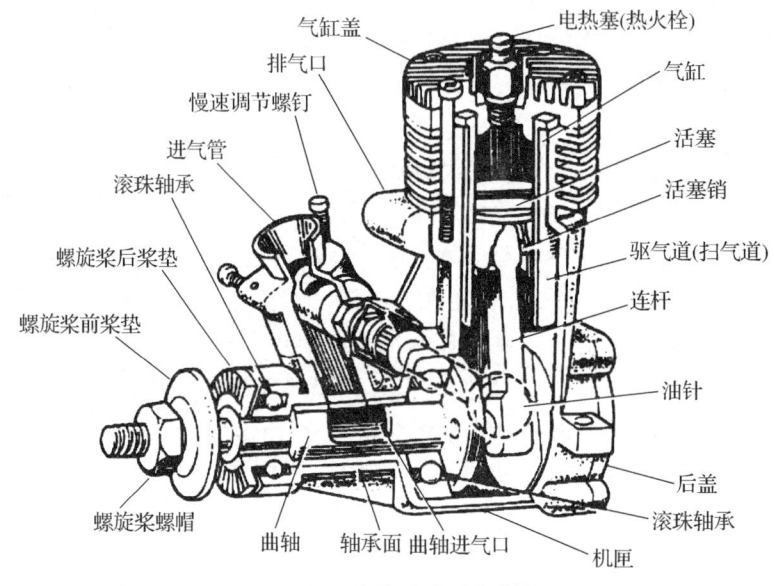

图2-2-6 电热式发动机剖视图

(一) 工作过程

1. 活塞上行程。

(1) 曲轴逆时针转动,活塞自下止点向上运动。

(2) 吸气过程。曲轴进气口与机匣进气管相连通,混合气经曲轴中心的进气通道进入机匣,如图2-2-7所示。

(3) 压缩过程。活塞继续上行,先后将气缸驱气口和排气口封闭,对封闭在气缸内的混合气进行压缩,混合气压力增大,温度升高,同时继续将新鲜混合气吸入到机匣内,如图2-2-8所示。

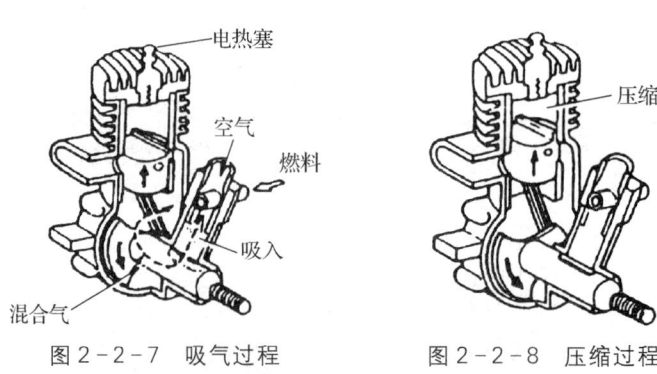

图2-2-7 吸气过程　　图2-2-8 压缩过程

2. 活塞下行程。

(1) 爆燃做功。活塞运动到上止点,混合气被压缩到体积最小、压力最大、温度最高,在气缸顶部赤热的铱铂合金丝卷的作用下,甲醇与空气混合气爆燃,如图 2-2-9 所示。

(2) 依靠螺旋桨转动的惯性曲轴继续逆时针转动,活塞越过上止点。

(3) 混合气爆燃产生的高温高压气体膨胀做功,推动活塞向下运动,经连杆推动曲轴的曲柄销,带动曲轴及螺旋桨逆时针旋转。

(4) 排气做功。曲轴继续逆时针转动,曲轴进气口与机匣进气管脱离,停止吸气。已吸入的混合气被封闭在机匣内,并随着活塞下移,压力逐渐升高,如图 2-2-10 所示。

(5) 活塞下移到排气口以下,排气口打开,爆燃做功后的废气经排气口排出气缸。

(6) 活塞继续下移到驱气口以下,机匣内压力增大的新鲜混合气经驱气道进入气缸,并将气缸内的残余废气驱扫至缸外。

(7) 活塞下移到下止点,依靠螺旋桨转动的惯性带动曲轴继续逆时针转动,活塞越过下止点向上运动时,开始下一个工作循环的吸气和压缩过程。

上述过程不断地重复进行,发动机便连续运转,带动螺旋桨旋转,驱动无人机飞行。

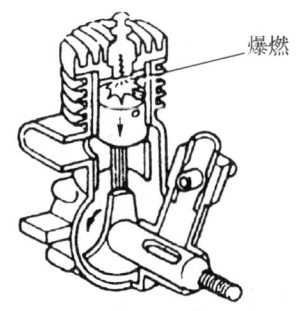

图 2-2-9 爆燃做功　　　　图 2-2-10 排气做功

(二) 电热式发动机的引燃

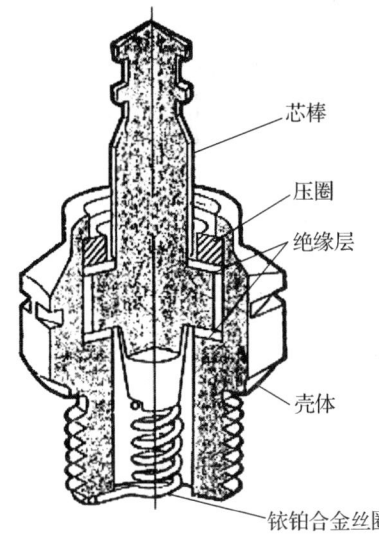

图 2-2-11 电热塞的组成和结构

甲醇与空气的混合气在气缸内经过压缩后温度升高,又借助电热塞内赤热的螺旋形铱铂合金丝蓄积的热量和铂的催化作用而被引燃。电热塞的组成和结构如图 2-2-11 所示。铱铂合金丝直径为 0.2~0.3mm,主要成分为铂,占 75%~90%。为增加合金丝的刚性,在铂中加入10%~25%的铱,铱含量愈高,合金丝愈刚硬。合金丝的直径和铂铱的比例根据电热塞的性能和用途而定。

1. 电热塞按其性能,一般分为以下 3 种:

(1) 标准型。以电热式发动机常规引燃、启动和运行而选定合金丝直径、成分和丝圈尺寸、位置等的电热塞,供一般电热式发动机、一般燃料、在一般环境中使用。通常是在使用标准型电热塞的基础上,换用不同性能的电热塞,使发动机达到最佳性能。

(2)"热"型。较标准型能提供更高的温度和热量。其主要措施是:使铱铂合金丝圈升温较快,即丝细而短,丝圈外径较大,间距较小;丝圈距燃烧室较近,甚至置于爆燃气体的中心,故电热塞旋入发动机的部位较长,且丝圈腔直径较大,以减少热量散失。"热"型电热塞主要用于环境温度较低,发动机压缩比不能再提高,引燃温度显现出偏低的情况。当电热塞接通电源,发动机转速提高,断电则转速下降。当调整油针仍不能改变上述情况时,应考虑更换用"热"型电热塞。

(3)"冷"型。较标准型电热塞的温度和热量更低。其采用的主要措施有:使铱铂合金丝圈升温较慢,即丝粗而长,丝圈外径较小,间距较大;丝圈距燃烧室较远,电热塞旋入发动机的部位较短,且丝圈腔直径较小,热量容易散失。"冷"型电热塞主要用于发动机压缩比较高或燃料中硝基甲烷含量较高的情况。当发动机运转容易出现电热塞断丝及启动容易出现反转打手、运转声音发闷等发动机引燃过早的现象时,应考虑更换用"冷"型电热塞。

2. 常用的电热塞有以下几种结构形式:

(1)通用型。无论哪种性能,无论用于哪种品牌和规格的发动机,这种电热塞都用一种连接螺纹,故有良好的通用性和互换性。由于各国的度量制度不同,电热塞连接螺纹也分为英制和公制两种,其中英制应用较多。用英制时,外径 1/4in、牙距 1in 32 牙用 1/4-32 表示;用公制时,外径 6mm、螺距 0.75mm 用 M6×0.75 表示。英制和公制螺纹不能通用,所以使用发动机时应搞清电热塞螺纹制式以配用电热塞。

(2)专用型。为某一种或某一规格的电热塞发动机专门设计制作。其特点是电热塞与燃烧室为一体,也称整体式,如图 2-2-12 所示。它可以根据发动机的特点,确定燃烧室的形状,并准确制成。这种电热塞有助于提高爆燃效率和发动机功率,一般不能与其他发动机电热塞互换,多用于竞赛型高性能专用发动机。

(3)怠速型。它的特点是电热塞旋入发动机部位的端部设有屏蔽条(图 2-2-13),以遮挡发动机运转时飞溅的湿冷混合油,防止其溅泼到合金丝上,使合金丝温度降低,以避免发动机在小风门、低速富油运行时不易引燃而停车。

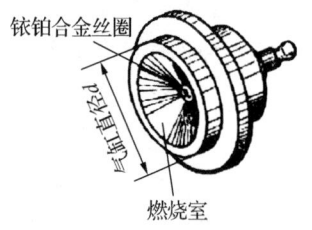

图 2-2-12 专用型电热塞

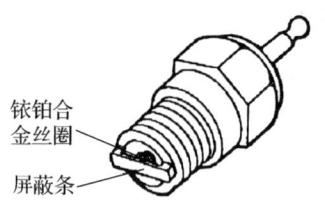

图 2-2-13 怠速型电热塞

第三节 固定翼无人机

一、升降舵的原理与作用

升降舵(elevator)是位于飞机后端的可移动水平控制面。它的作用是让飞机调整俯仰角度。

将遥控器升降舵操纵杆往后拉(图 2-3-1),就可以让升降舵控制面向上移动,使机尾下方压力减低,于是机尾下降,机头则以仰角抬升。

如图 2-3-2 所示,将操纵杆往前推,升降舵控制面向下移动,如此一来,机尾上方的压力会下降,机尾因此开始上升,机身会沿着侧轴向机头方向垂倾,造成机头下降。

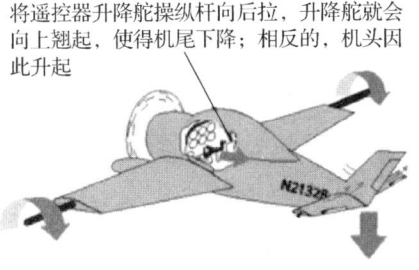 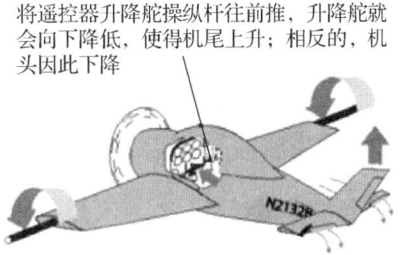

图 2-3-1 升降舵原理(一)　　　　图 2-3-2 升降舵原理(二)

简单地说,要想抬升机头,就将遥控器升降舵往后拉;要想降下机头,将遥控器升降舵往前推就行了。

起飞时,你的目标是将飞机加速到足够的速度,以抬高机头成为爬升姿态,此时飞机便会往上飞。

二、副翼的原理与作用

副翼(aileron)是位于机翼后缘的可移动的控制片。副翼的翼展一般约占整个机翼翼展的 1/6～1/5,其翼弦约占整个机翼弦长的 1/5～1/4。遥控器向左打副翼,左边副翼上偏,右边副翼下偏,飞机向左滚转;反之,遥控器向右打副翼,右副翼上偏,左副翼下偏,飞机向右滚转。

它们的功用是让飞机随着你所希望的方向做侧倾与滚转动作。当你往右打副翼时,两片副翼就会在同一时间以彼此相反的方向偏摆。左翼的副翼放下,左翼所承受的升力就会提高;右翼的副翼升起,右翼的升力便会降低,升力的差异,将会让飞机向右侧倾,如图 2-3-3 所示。

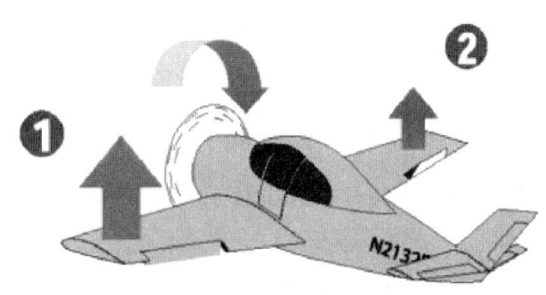

图 2-3-3 副翼的原理

1-副翼降下,升力增加;2-副翼升起,升力下降

副翼让某一侧的机翼所承受的升力提高,同时减少另一侧机翼的升力,两翼升力的差异可以让飞机侧倾。

飞机如何转弯?

图 2-3-4 中的飞机 A 代表在平直飞行状态的飞机。飞机 A 告诉我们,升力沿着垂直方向(向上拉拽飞机),可让飞机保持腾空状态。当然,如果升力可以向上拉拽,同时它也可以向左或向右产生小规模的分力,这些分力发挥作用时,飞机就会转弯。图 2-3-4 中的飞机 B 显示出飞机侧倾时的升力总和,一部分升力将飞机向上拉拽(升力的垂直部分),另一部

分升力则将飞机朝转弯的方向拉拽(升力的水平分力),这些箭头分别代表构成整体升力的分力。也就是说,带动飞机转弯的是升力中的水平分力,因此侧倾角度愈大,升力的水平分力愈大,转弯的速度也会愈快。

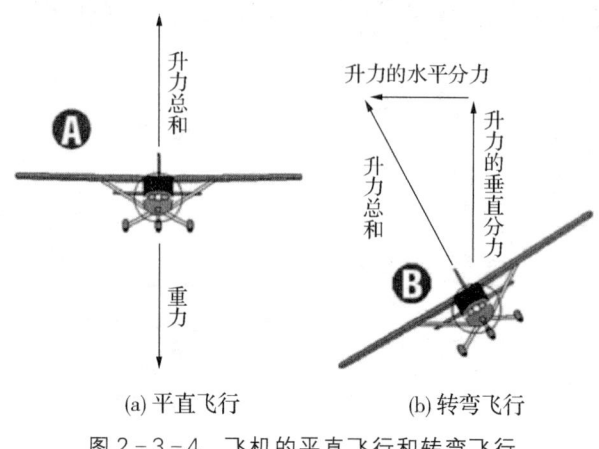

(a) 平直飞行　　　(b) 转弯飞行

图 2-3-4　飞机的平直飞行和转弯飞行

三、方向舵的原理与作用

方向舵(rudder),用来修正飞机航向和小角度转向,是在垂直尾翼上为实现飞机航向操纵的可活动的翼面部分,用来控制飞机向左或向右飞行的片状装置,装于飞机的尾部,与水平面垂直。多数用于角度较小的转向,大角度转向需要借助副翼使飞机偏转产生离心力,同时使用升降舵保持机头向上完成大角度转向,这时飞机会在空中划出一道优美的弧线,如图 2-3-5 所示。

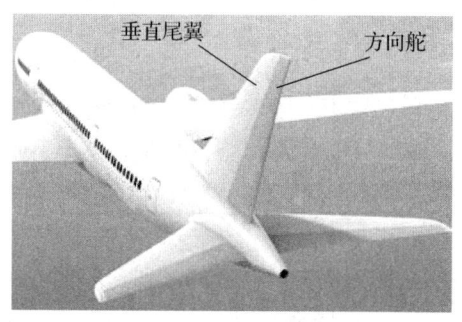

图 2-3-5　飞机的方向舵

当飞机需要左转飞行时,操控员就会操纵方向舵向左偏转,此时方向舵所受到的气动力就会产生一个使机头向左偏转的力矩,飞机的航向也随之改变。同样,如果操控员操纵方向舵向右偏转,飞机就会在气动力矩的作用下向右转。

在实际中,副翼和方向舵协同作用,实现飞机转弯,副翼完成横滚,方向舵完成偏航。在这一过程中伴随着称为反向偏航的现象,这种情况只是在非常简单的用副翼实现转向时更明显。此时往下放出的副翼功能类似襟翼,使这边机翼的升力加强,阻力也增加。起初,阻力使得飞机朝相反的方向偏航。方向舵单独操纵也可以实现转弯,但比副翼协同操作要慢得多。在二者共同作用时,飞机的纵轴在转弯弧面既不会下滑,也不会侧滑。低速时不当的方向舵操纵会促使飞机旋转,这在低高度时有危险。任何飞机的方向舵都有其最大载荷,如果超过限值,可能导致操作失效甚至方向舵损坏。

第四节 单旋翼无人机

一、旋翼的原理与作用

1907年11月13日,法国发明家保罗·科尔尼研制的单旋翼无人机成功试飞,成为世界上第一架全尺寸的载人单旋翼无人机。单旋翼无人机和多旋翼无人机都是靠旋翼来飞行的,可能大部分人并不知道,它们的旋翼其实有本质的不同。

单旋翼无人机的旋翼由几片叶片组成,旋转的时候会推动空气产生气流。当我们感觉无人机或电风扇的风小了,可以把转速调快一点,吹出来的风就会变大。那么,如果发现单旋翼无人机往下掉了,是不是也只要加快旋翼的转速就可以让它升上来呢?

如图2-4-1所示,单旋翼无人机不论是上升还是下降,主要靠的不是调节旋翼的转速,而是调节旋翼的迎角。当旋翼的迎角加大,被旋翼推向下方的气流速度也就增大,旋翼也会受到更大的反作用力,这个力就是单旋翼无人机升力来源。

那么,如何来控制单旋翼无人机旋翼的迎角呢?人们发明了一个装置,称为倾斜器。它是由两个紧密贴合的圆环组成,上面的盘随着单旋翼无人机旋翼转动,并且有铰接装置与旋翼相连;下面的环不转动,但是可以上下运动,也可以倾斜,由几个推拉杆调节,如图2-4-2所示。

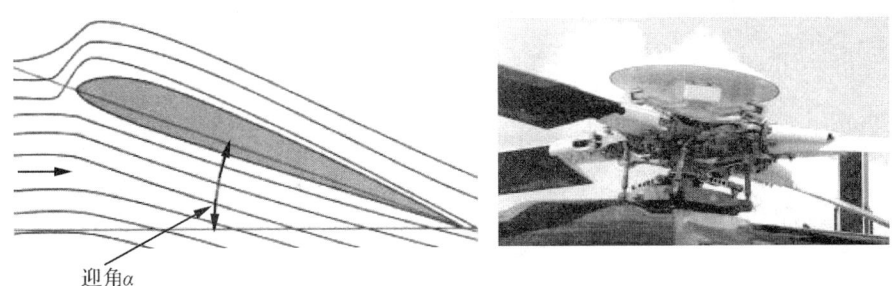

图2-4-1 单旋翼无人机的升降原理

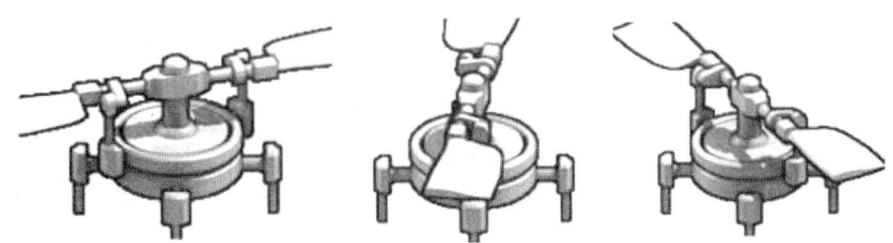

图2-4-2 单旋翼无人机的倾斜器

当单旋翼无人机需要上升时,调节推拉杆,把两个盘都往下推,连接旋翼的铰接装置就会把旋翼的迎角调大,就能产生更大的升力;相反,当单旋翼无人机需要下降时,就把两个盘都往上推,连接旋翼的铰接装置就会把旋翼的迎角调小,旋翼产生的升力减小,单旋翼无人机就下降了,旋翼由数片(至少两片)桨叶和桨毂构成,形状像细长机翼的桨叶连接在桨毂上。桨毂安装在旋翼轴上,旋翼轴方向接近于铅垂方向,一般由发动机带动旋转。旋转时,桨叶与周围空气相互作用，产生空气动力。

旋翼的空气动力特点：① 产生向上的升力用来克服单旋翼无人机的重力，即使单旋翼无人机的发动机在空中停车时，操控员可通过操纵旋翼使其自转，仍产生一定升力，减缓单旋翼无人机下降趋势；② 产生向前的水平分力克服空气阻力，使单旋翼无人机前进，类似于飞机上推进器的作用；③ 产生其他分力及力矩，对单旋翼无人机进行控制或机动飞行，类似于飞机上各操纵面的作用。

无人机按旋翼分类，有双旋翼无人机、单旋翼无人机、横列式双旋翼无人机、横列式单旋翼无人机和共轴式双旋翼无人机、共轴式单旋翼无人机。之所以有不同种类的旋翼布局形式，是因为平衡旋翼轴带动旋翼转动工作时，空气作用于其上的反作用力矩所采用的方式不同而形成的。

通过倾斜器，单旋翼无人机不仅能产生向上的升力，还能产生向下的推力。当推拉杆把两个盘都推到顶上时，单旋翼无人机的旋翼就产生了下反角，如此产生的力量就是向上的推力，这时单旋翼无人机就会加速下降。如果这个推力足够，单旋翼无人机还可以头朝下倒着飞。单旋翼无人机的这种控制称为"总矩控制"。

单旋翼无人机的旋翼是由发动机带动的，旋翼的轴连接着发动机的轴，而多旋翼无人机的旋翼则是由迎面而来的气流吹动，旋翼的轴不连接发动机，是自由的。

多旋翼无人机的发动机只用于推动飞机前进，它带动的是一个向后吹气的螺旋桨，以产生前进的推力。这个推力让多旋翼无人机向前运动，由此产生的气流吹动机体顶部的自由旋翼旋转。当旋翼的旋转达到一定速度后，产生足够的升力使多旋翼无人机升空飞行。多旋翼无人机比单旋翼无人机结构简单、成本低廉，也比较安全，但只能往前飞和悬停，不能倒飞，因此灵活性无法和单旋翼无人机相比拟。

二、尾桨的原理与作用

若没有一定的反扭力措施，单旋翼无人机就要打转，抵消反扭力的方案有很多，尾桨是抵消反扭力的最常见的方法。尾桨的作用原理：当主旋翼顺时针转时，对机身产生逆时针方向的反扭力，通过或推或拉尾桨，产生顺时针方向的推力以抵消主旋翼的反扭力。

单旋翼无人机的旋翼提供上升力，那么尾桨就是控制机身平衡的重要部位，为确保单旋翼无人机上升后不会打转，尾桨设计的重要性毋庸置疑。

单旋翼无人机飞行主要靠旋翼产生的拉力，当旋翼由发动机通过旋转轴带动旋转时，旋翼给空气以作用力矩，空气必然在同一时间以与此相等、方向相反的反作用力矩作用于旋翼，从而再通过旋翼将这一反作用力矩传递到单旋翼无人机机体上。如果不采取措施予以平衡，那么这个反作用力矩就会使单旋翼无人机逆旋翼转动方向旋转。由此可见，尾桨的作用就很大。单旋翼无人机尾桨就像一个旋转平面垂直于旋翼转速平面的小螺旋桨，工作时产生拉力（推力）。

尾桨的作用（图2-4-3）可以概括为以下3点：① 尾桨产生的拉力通过力臂形成偏转力矩，用以平衡旋翼的反作用力矩（即反扭转）；② 相当于一个单旋翼无人机的垂直安定面，改善单旋翼无人机的方向稳定性，且可以通过加大或减少尾桨的拉力来实现单旋翼无人机的航向操纵；③ 某些单旋翼无人机的尾轴向上斜置一个角度，可以提供部分升力，也可以调整单旋翼无人机的重心范围。

图 2-4-3 尾桨的作用

尾桨和旋翼的动力均来源于发动机,发动机产生的功率通过传动系统,按需要再传给旋翼和尾桨。而尾桨通常包括常规尾桨、涵道尾桨和无尾桨系统三种类型。

三、舵面控制与主旋翼的关系

1. 单旋翼无人机飞行性能分为垂直飞行性能和前飞性能两类。垂直飞行性能是它的正常状态,以不同高度的速度垂直上升;前飞性能与固定翼无人机的飞行性能相似。单旋翼无人机的前飞是其最基本的一种飞行状态,如图 2-4-4 所示。它的飞行原理是旋翼旋转平面倾斜,使旋翼总空气动力矢量倾斜得出水平分力。旋转平面倾斜是靠周期性改变桨距得到的。这说明,旋翼每片桨叶的桨距在每一转动周期中(每转一周),先是增大到某一数值,然后下降到某一最小值,继而反复循环,这就是前飞时旋翼桨叶的工作原理。另外,还有单旋翼无人机的起飞、着陆,其起飞时旋翼由初始安装角在达到额定转速时,通过提升总距杆增加旋翼的迎角,增加旋翼的升力,从而使单旋翼无人机起飞,同时尾桨提供反扭矩,保持单旋翼无人机的平衡。而着陆,是指从一定高度下降、减速、降落到地面直至运动停止的过程,是起飞的逆过程。

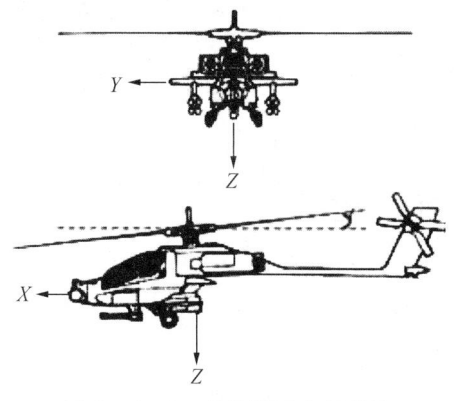

图 2-4-4 单旋翼无人机前飞

单旋翼无人机的机动飞行按其飞行轨迹可分为:水平面内的机动,如加速和减速、盘旋、转弯、水平"8"字机动、蛇形机动等;铅垂平面内的机动,如急跃升和俯冲;空间立体机动,如盘旋下降、战斗转弯、跃升中的回转和转弯。垂直机动飞行通常需要变化高度、速度、总距以及飞行姿态和曲率半径。

单旋翼无人机的侧飞,是单旋翼无人机的特殊飞行,它与悬停、小速度垂直飞行及后飞是实施某些特殊作业不可缺少的飞行性能。一般侧飞是在悬停基础上实施的飞行状态。其特点是要多注意侧向力的变化和平衡。由于单旋翼无人机机体的侧向投影面积很大,侧飞速度通常很小,机体在侧飞时其空气动力阻力特别大,且带尾桨的单旋翼无人机的侧向受力是不对称的,因此左侧飞和后侧飞受力各不相同。当向后行桨叶一侧侧飞时,旋翼拉力向后行桨叶一侧的水平分量大于前行桨叶一侧的尾桨推力,单旋翼无人机向后方向运动,会产生与水平分量反向的空气动力阻力,在侧力平衡时,水平分量等于尾桨推力与空气阻力之和,能保持等速向后行桨叶一侧侧飞;当向前行桨叶一侧侧飞时,旋翼拉力的水平分量小于尾桨推力,在剩余尾桨推力作用下,单旋翼无人机向尾桨推力方向一侧运动,空气动力阻力与尾桨推力反向,在侧力平衡时,保持等速向前行桨叶一侧飞行。

2. 单旋翼无人机的操作性和稳定性。首先单旋翼无人机的操作系统是指传递操纵指令、进行总距操纵、变距总距操纵来实现单旋翼无人机的升降运动;通过变距操作来改变单旋翼无人机的飞行方向。固定翼无人机的飞行升力源自固定在机身上的机翼,当固定翼无人机向前飞时,机翼与空气之间发生相对运动,进而产生升力。单旋翼无人机的升力产生原理与机翼相似,只不过这个升力是来自固定轴旋转的"旋翼"。旋翼不像固定翼无人机那样依靠整个机体向前飞行来使机翼与空气产生相对运动,而是依靠自身旋转产生于空气的相对运动。但是,在旋翼提供升力的同时,单旋翼无人机机身也会因反扭矩的作用而具有向反方向旋转的趋势。对于单旋翼无人机,为了平衡反扭矩,常见的做法是以另一个小型旋翼——尾桨,在机身尾部产生抵消反向运动的力矩。对于多旋翼无人机,多采用旋翼之间反向旋转的方法来抵消反扭矩的作用。

综上原理可知,单旋翼无人机飞行是靠它头上的桨叶(螺旋桨)旋转产生升力。单旋翼无人机起飞时,螺旋桨越转越快,产生的升力也越来越大,当升力比机身的重量还大时就起飞了。如果操控员要调节高度,只要通过改变螺旋桨旋转的速度就行了。在螺旋桨旋转时,为了不让机身也跟着旋转,其设计在尾身的尾桨就起到阻止机身旋转的作用。

第五节 多旋翼无人机

一、飞行控制的原理与功能

多旋翼无人机的飞行控制系统如图 2-5-1,主要控制着多旋翼无人机的起飞、空中飞行、执行任务和返场回收等功能,起着非常重要的作用。

(一)多旋翼无人机飞行控制系统的组成

多旋翼无人机飞行控制系统主要由陀螺仪(飞行姿态感知)、加速计、地磁感应、气压传感器(悬停控制)、GPS模块(选装)以及控制电路组成。其主要的功能是自动保持飞机的正常飞行姿态。

(二)多旋翼无人机飞行控制系统原理

多旋翼无人机飞行控制系统的硬件包括主控制模块、信号调理及接口模块、数据采集模块以及

图 2-5-1 多旋翼无人机飞行控制系统图

舵机驱动模块等。各个功能模块组合在一起,构成飞行控制系统的核心,而主控制模块是飞行控制系统核心,它与信号调理模块、接口模块和舵机驱动模块相组合,只需要在修改软件和简单改动外围电路的基础上就可以满足一系列小型无人机的飞行控制和飞行管理功能要求,从而实现一次开发、多型号使用,降低系统开发成本的目的。

(三)多旋翼无人机飞行控制系统的作用

多旋翼无人机飞行控制系统相当于操控员对于有人机的作用,这是其最核心的技术部分之一。多旋翼无人机飞行控制系统一般包括传感器、机载计算机和伺服作动设备三大部分,实现的功能主要有无人机姿态稳定和控制、无人机任务设备管理和应急控制三大类。

多旋翼无人机飞行控制系统可实时采集各传感器测量的飞行状态数据?接收无线电测控终端传输的由地面测控站上行信道送来的控制命令及数据,经计算处理,输出控制指令给执行机构,实现对多旋翼无人机各种飞行模态的控制和对任务设备的管理与控制。同时将多旋翼无人机的状态数据及发动机、机载电源系统、任务设备的工作状态参数实时传送给机载无线电数据终端,经无线电下行信道发送回地面测控站。

二、多旋翼无人机结构形式

飞机、直升机和旋翼机这三种机型的起飞原理是不同的。飞机依靠助跑来提供速度以达到足够的升力;直升机依靠旋翼的控制旋转在无须助跑的条件下实现垂直升降,直升机的旋转由动力系统提供,其旋翼旋转会产生向上的升力和空气给旋翼的反作用力矩,在设计中需要提供平衡旋翼反作用扭矩的方法,通常有单旋翼加尾桨式(尾桨通常是垂直安装)、双旋翼纵列式(旋转方向相反以抵消反作用扭矩)等;旋翼机则介于飞机和直升机之间,旋翼机的旋翼不与动力系统相连,由飞行过程中的前方气流吹动旋翼旋转产生升力(像大风车一样),即旋翼为自转式,传递到机身上的扭矩很小,无须专门抵消。我们以四旋翼无人机为例,这种四旋翼无人机实质上是属于多旋翼无人机的范畴,需要由动力系统提供4个旋翼的旋转动力,同时旋翼旋转产生的扭矩需要进行抵消。因此,本着结构简单、控制方便,选择类似双旋翼纵列式加横列式的直升机模型,两个旋翼旋转方向与另外两个旋翼旋转方向必须相反以抵消陀螺效应和空气动力扭矩。其结构形式如图1-7-1所示。

三、多旋翼无人机控制原理

详见第一章第七节相关内容。

第六节　无人机模拟飞行训练

模拟飞行训练,是无人机外场飞行训练前必不可少的训练科目。模拟飞行训练利用计算机系统和模拟飞行软件,通过连接遥控器等专用设备,在模拟飞行软件平台上进行高仿真度的体验飞行。模拟飞行训练可以在非常真实的环境中进行无人机的飞行训练。

一、模拟飞行训练的准备工作

(一) 模拟飞行软件的选择

随着软件行业水平的不断提高,模拟飞行软件的仿真度也越来越高。目前使用比较广泛的是凤凰模拟飞行软件(Phoenix R/Cv5.0 版本),如图 2-6-1 所示。

图 2-6-1 凤凰模拟飞行软件

(二) 模拟飞行训练其他配置

模拟飞行训练 PC 端配置需选择独立显卡,运行过程画面不会卡顿,带有音响效果。发射机可以使用凤凰配套的低版本的模拟器专用发射机(图 2-6-2),也可以另外配置中高端的发射机,通过连接线接入软件加密狗。另外,配置的发射机在模拟飞行时开启 PPM 模式,开启 PCM 模式与接收机对频,用于外场遥控飞行训练。

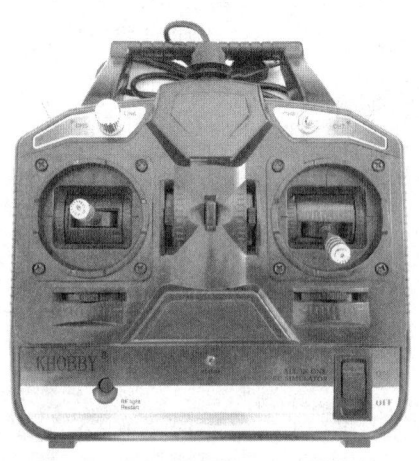

图 2-6-2 模拟器专用发射机

二、模拟飞行训练发射机的调试

模拟飞行软件安装完成后,首先需要对发射机进行调试。

发射机全部微调居中,开启 PPM 模式,其余部分全部在模拟飞行软件中完成设置。

(1) 在软件"系统配置"中进行"遥控器通道设置":选择遥控器品牌及通道数,进入"编辑配置文件",对常规设置中的油门、引擎熄火/启动、收放起落架、大小舵角等进行对应通道开关的设置,如图 2-6-3 所示。

图 2-6-3 进行遥控器通道设置

(2) 固定翼模拟飞行发射机设置:通道 1 为副翼舵,通道 2 为升降舵,通道 3 为桨距,通道 4 为方向舵,如图 2-6-4 所示。

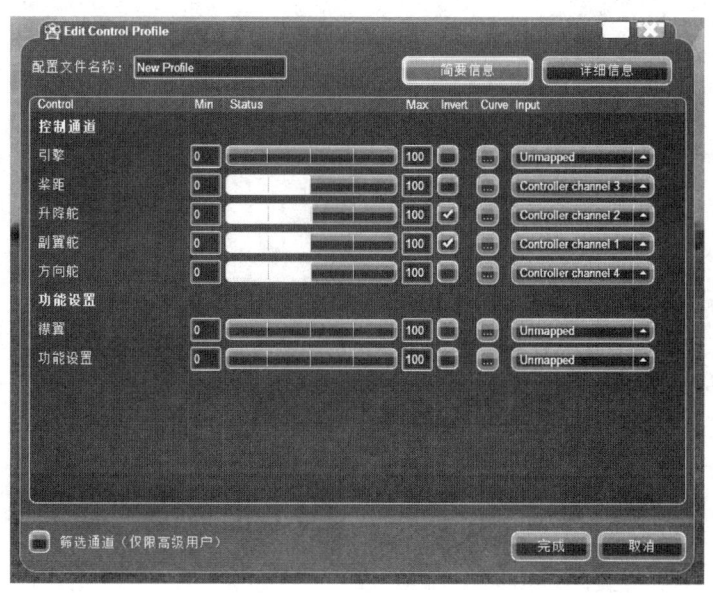

图 2-6-4 进行固定翼模拟飞行发射机设置

(3) 单旋翼模拟飞行发射机设置:通道 1 为左右侧飞,通道 2 为俯仰控制,通道 3 为主桨桨距,通道 4 为尾桨控制(方向舵),如图 2-6-5 所示。需特别注意主桨桨距与油门曲线的配合。

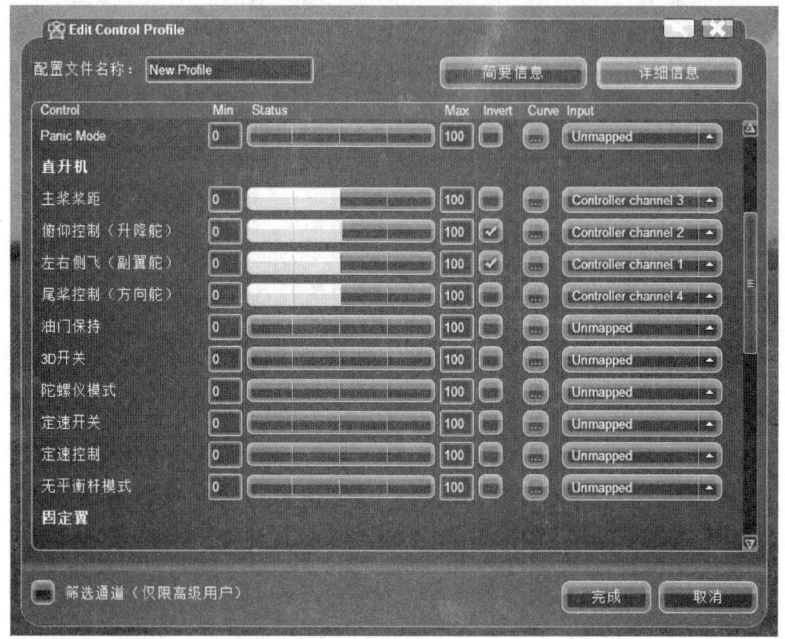

图 2-6-5 进行单旋翼模拟飞行发射机设置

(4) 多旋翼模拟飞行发射机设置:通道 1 为左右侧飞;通道 2 为前进后退;通道 3 为油门控制,控制无人机升降;通道 4 为方向控制,控制无人机旋转,如图 2-6-6 所示。

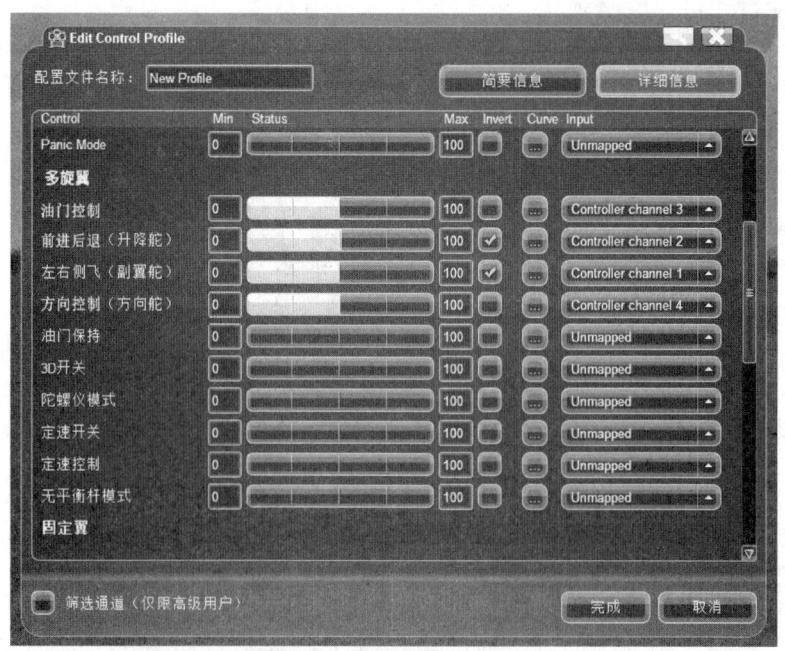

图 2-6-6 进行多旋翼模拟飞行发射机设置

（5）全部设置完成后，将各个通道微调开关居中，开始校准遥控器，如图2-6-7所示。校准遥控器请根据系统要求逐步进行。

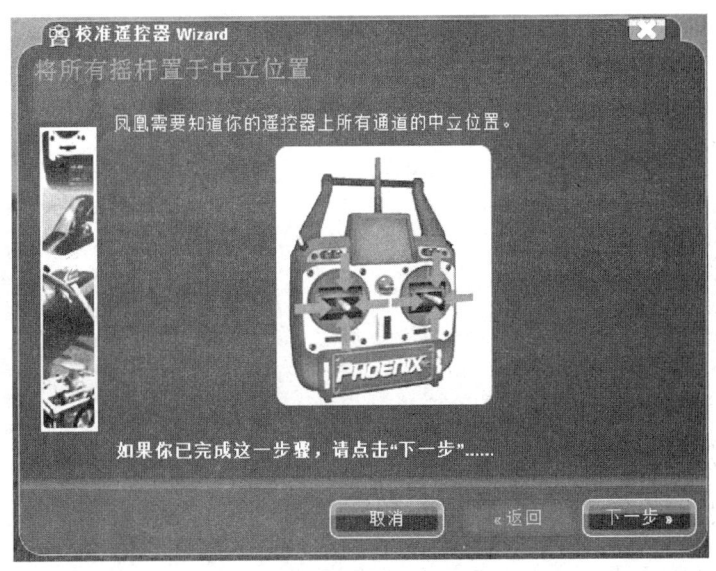

图2-6-7 校准遥控器

三、模拟飞行训练机型的选择

模拟飞行软件数据库中有各种类型的无人机，我们需要根据不同的训练进度选择适合的无人机。在软件"选择模型"中选择"更换模型"，如图2-6-8所示。

（1）初期训练：固定翼无人机在完成着陆训练前，建议选择上单翼平凸翼型训练机；进入动作训练后，可以选用"雅克"（YaK54）等中单翼对称翼型无人机进行动作训练。

单旋翼无人机可选择"雷虎"（Thunder Tiger Raptor.30）进行训练，多旋翼无人机可任意选择。

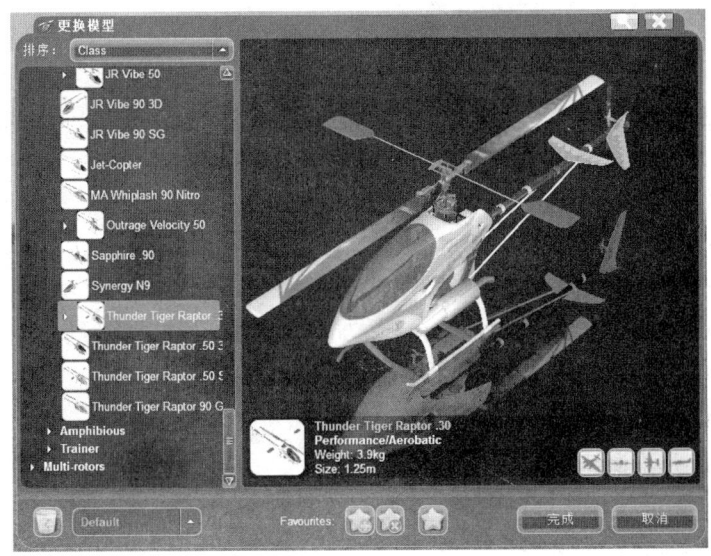

图2-6-8 "更换模型"界面

（2）场景选择：在软件"选择场地"中选择"更换飞行场地"，用莫斯科 RC 俱乐部（Moscow RC-Club）飞行场地场景，该场景有标准的模型跑道，如图 2-6-9 所示。

图 2-6-9　莫斯科 RC 俱乐部飞行场地场景界面

注意

1. 模拟飞行训练与外场飞行训练一致，必须严格按照飞行空域的开度和高度要求进行训练。

2. 模拟飞行训练具体步骤与要求与外场飞行训练一致。

第七节　无人机外场飞行准备

一、飞行前地面检查

在模拟飞行训练达到标准后，我们即将开始外场飞行训练，无人机升空前需要做好全面的地面检查工作。

（一）外部检查

外部目视检查：机轮、舵面有无松脱，舵角夹头、螺旋桨等是否紧固。

（二）电源检查

测量动力（或接收机）电源电压，电压要求达正常峰值。打开发射机检查发射机电压，电压要求达正常峰值。接通电源，准备下一步的检查。

（三）舵面检查

（1）全部舵面操作是否灵活。

（2）除油门外全部舵面回中，检查各舵面是否全部居中。

（3）检查各舵面是否会反向。

（4）电动机动力检查：油门是否反向，油门在最高点时，电动机是否工作在最大功率输出状态，根据机型不同是否需要设置刹车。

（5）内燃机动力检查：内燃机启动后，断开点火电源，听声音是否连贯，观察是否甩油，油路是否有气泡。无人机怠速低头90°超过15s是否会富油熄火，怠速抬头90°和全风门交互超过15s是否会贫油熄火，急加油是否有咳嗽声等。

全部检查工作完毕，若无人机状态均正常，就可以准备起飞。

二、电子调速器的工作模式调整

1. 电子调速器编程设置操作步骤：

（1）先将遥控器油门操作杆推至最高位置，电子调速器进入设置模式，然后打开遥控器电源（遥控器油门操作杆拉至最低位置，电子调速器进入工作状态）。

（2）将电池组连接到电子调速器，2s后电动机"滴"一声响，表示电子调速器进入设置模式。设置菜单一般为循环模式，每一种功能对应一种相应的音乐声调。

（3）每一种音乐声调连续奏响4次，在音乐奏响的4次时间内，将油门操作杆拉至最低位置，这时电动机会发出"滴"一声，表示对应参数已经存储，电子调速器进入工作模式。

（4）重复以上操作，设置需要的各种功能。

2. 常用功能：

（1）刹车设置开关。开启——当油门处于最小位置工作时，螺旋桨立即停止转动；关闭——当油门处于最小位置工作时，螺旋桨自由停止转动。

（2）电动机反转。如果电动机出现反转，说明电子调速器动力输出线与电动机电源线接错，需重新连接直至电动机正转。

三、发动机磨车及调试

无人机的动力，一般以活塞式发动机（内燃机）动力为主。无人机使用的活塞发动机重量很轻，单位气缸容积功率很大。发动机可以长时间连续工作，以解决电动机电池无法长航时飞行的问题。

本节以电热式发动机为例，讲解发动机的磨车及调试。

（一）拆卸与清洗

发动机在出厂前，为防止机件在储藏和运输过程中被锈蚀，均经过油封防锈处理。拆卸和清洗发动机的目的：清除密封油脂，防止堵塞进排气口及化油器，检查各部件有无加工缺陷。由于现在的产品精度较高，所以不存在清除毛刺、修整机件等工作，而且发动机在出厂前均经过认真调校。

用发动机专用工具先将发动机顶盖和曲轴盖从机匣上拆下（图2-7-1），放入清洁容器内，再将活塞、连杆、气缸从机匣上方拆出，并记好相应位置，然后用120号清洗汽油逐件清洗干净，然后放在一张吸水性强的卫生纸上，让其自然风干。化油器系统、轴承等零部件清洗方式与上述一致。

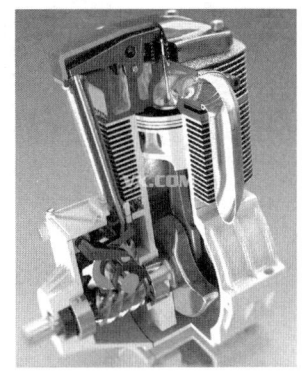

图2-7-1 发动机分解图

(二) 装配

装配前在各机件的接触面上应薄薄地涂上一层蓖麻油,然后按拆卸的反顺序逐一装入机匣内,至此全部清洗工作结束。

(三) 磨车

磨车不仅可以保护发动机,延长其使用寿命,而且可以减少因磨车不良引发的发动机过热、粘缸等事故的发生。

磨车(图 2-7-2)一般在专门的磨车台进行,发动机应固定在磨车台上,装上螺旋桨及桨罩,使发动机在低速富油状态下工作,每次不超过 15min。第二次磨车应在发动机温度接近室温时进行,直至磨合 30min,磨车即告结束。

图 2-7-2 磨车

(四) 磨车注意事项

因航空发动机属于风冷(水冷为船模用)发动机,没有专门的润滑系统,所以润滑工作只能靠在燃油中加入一定比例的蓖麻油来完成,因此在磨车时应适当加大润滑油的比例,以便增加自润效果。

(五) 发动机的调试

1. 主油针。主油针负责进油量的大小。一般厂家出厂的时候,都会有初始主油针位置设定。如果不知道初始位置,可以先把主油针拧到底,退 1.5 圈后尝试吸油、启动,根据发动机不点火状态工作的声音,判断贫油、富油情况,调整主油针圈数。在发动机处于抬头状态并达到最大转速后,一般后退两格即可。

2. 副油针。副油针用于调节油气混合比。发动机在急速位置运转约 5s,全开油门,如提速较慢且烟雾较浓,说明混合过浓(富油)了,此时需要把副油针量调小点。

(六) 发动机的最佳状态

一台发动机磨合完成,调试得当,应该显现的最佳状态为飞机低头(图 2-7-3)保持急速 30s 以上不熄火,飞机抬头(图 2-7-4)保持急速 30s 以上不熄火;任何姿态下全开油门转速能迅速提升,有较好的响应能力。

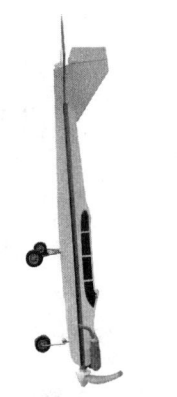

图 2-7-3 飞机低头

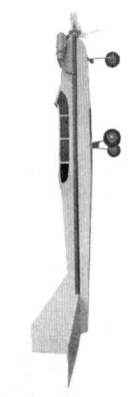

图 2-7-4 飞机抬头

第八节　固定翼无人机飞行训练

一、起　飞

伴随着发动机(或电动机)带动螺旋桨所产生的推力(或拉力),给无人机一个很快地向前运动速度,使空气与无人机产生相对速度。随着空气流经机翼,造成机翼上下表面压力差,从而产生向上的升力,当升力与重力平衡时,操控水平尾翼的升降舵,增加无人机的抬头姿态,使无人机能在较短的距离内离开地面。

(一) 起飞的基础知识

固定翼无人机(简称"无人机")的起飞一般可分为三种方式:滑跑起飞、手抛起飞和弹射(或火箭助推)起飞。

1. 滑跑起飞。滑跑起飞如图 2-8-1 所示。
2. 手抛起飞。手抛起飞如图 2-8-2 所示。

图 2-8-1　滑跑起飞

图 2-8-2　手抛起飞

3. 弹射(或火箭助推)起飞。弹射(或火箭助推)起飞如图2-8-3所示。

图2-8-3 弹射(或火箭助推)起飞

(二)模拟飞行练习要领

模拟飞行练习起飞时的要求如下:

(1)滑跑起飞应缓慢加速,使无人机的滑跑轨迹正对跑道正中心,加速至全油门后拉杆,当无人机离地达到正常爬升姿态时及时回杆。

(2)手抛起飞时略带拉杆,使无人机尽快升空,随时修正副翼以保持无人机侧向平衡,当达到正常爬升姿态时及时回杆。

(3)弹射(或火箭助推)起飞目前无法在飞行模拟器中练习,需在熟练掌握滑跑起飞和手抛起飞后,在外场直接训练。

(三)外场飞行训练要领

1. 每次起飞前必须进行地面检查。地面检查步骤如下:

(1)外部目视检查:机轮、舵面有无松脱,螺旋桨是否紧固。

(2)开机检查:全部舵面是否正确,有无反舵。

(3)电动机动力检查:电子调速器工作是否正常,有无刹车。

(4)内燃机动力检查:启动后判断声音是否连贯、甩油,油路有无气泡;无人机低头90°超过15s以上是否会富油熄火,抬头90°超过15s以上是否会贫油熄火。

由于起飞需要无人机和空气做相对运动产生速度,从而产生升力,相对速度越快,升力越大,因此起飞时必须正对风向,逆风起飞和着陆。

2. 滑跑起飞外场飞行训练。外场飞行训练的注意事项如下:

(1)地面滑跑先缓慢加速,对准跑道中心线。

(2)达到起飞速度后略微拉杆使无人机离地,拉杆量根据姿态决定。

(3)当无人机离地达到正常爬升角时(根据不同机型,要求一般不超过45°)及时回杆,使无人机保持一定爬升角上升。

(4)无人机上升到既定航线高度改平飞。

3. 手抛起飞外场飞行训练。外场飞行训练的注意事项如下:

(1)全油门准备起飞。

(2)根据不同的机型,无人机出手角度保持在15°~45°。

(3)无人机出手后初速度较低,如动力不够强劲,无人机会有低头轨迹,保持全油门不要减速。

(4) 出手后随时修正副翼,保持无人机侧向平衡。

4. 弹射(或火箭助推)起飞外场飞行训练。外场飞行训练的注意事项如下:

(1) 判断风向,选择逆风起飞的夹角。

(2) 设备需设置成两段,即高速起飞阶段舵面和平飞阶段舵面,起飞结束后切换至平飞阶段。

(3) 高速起飞阶段设置时带有小幅度推杆量。

(4) 助手与操控员需密切配合,采用倒计时方式弹射或点火。

(四) 训练目标

起飞动作外场飞行训练的目标如下:

(1) 滑跑起飞爬升轨迹柔和。

(2) 弹射(或火箭助推)起飞轨迹呈直线,在最短的时间内获得最大飞行高度。

起飞动作外场飞行训练时,能独立正确判断风向,确定起飞方向,滑跑起飞轨迹柔和,弹射(或火箭助推)起飞能达到计划高度和方位,视为起飞动作外场飞行训练基本合格。

二、直线飞行

飞机在空中自左向右或自右向左的水平直线飞行,称为直线飞行。

无人机的目视直线飞行航线,一般开度为120°、高度为60°,要求不能进入操控员后方的禁飞区(视距外飞行除外),如图2-8-4所示。

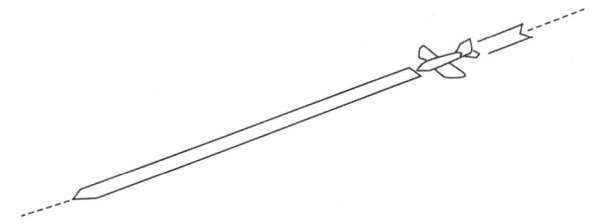

图2-8-4 直线飞行航线示意图

(一) 直线飞行基础知识

无人机起飞达到巡航高度后即进入直线飞行。逆风直线飞行时,因无人机和空气的相对速度大,容易爬高;顺风直线飞行时,因无人机和空气相对速度小,容易掉高度。

(二) 模拟飞行练习要领

模拟飞行练习封闭航线时的要求如下:

(1) 视线选择的场景应永远在镜头中,便于随时观察飞行高度。

(2) 开启飞行姿态窗口,便于随时观察飞行姿态。

(三) 外场飞行训练要领

外场直线飞行训练时的注意事项如下:

(1) 飞行高度保持一致。

(2) 飞行方向保持一致,从左向右或从右向左飞,初步建立直线航线概念。

(四)训练目标

直线飞行训练的目标如下:

(1) 航线高度变化控制在 5m 范围内。

(2) 飞行方向始终保持在操控员正前方开度为 120°、高度为 60°的航线上。

达到上述两点要求即可视为直线飞行训练合格。

三、封闭航线

飞机飞行的路线称为空中交通线,简称航线。

无人机的目视飞行航线,一般开度为 120°、高度为 60°,要求不能进入飞行控制操控员后方的禁飞区,如图 2-8-5 所示:

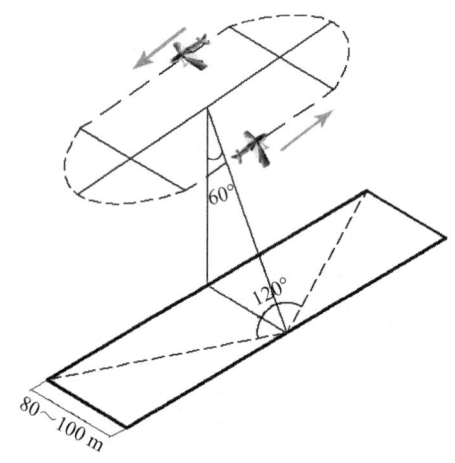

图 2-8-5 封闭航线示意图

(一)封闭航线基础知识

在做到基本正确的水平直线飞行之后,就可开始进行正确的轨迹练习。为了能描绘出正确的飞行轨迹,要假想在开度 120°、高度 60°的天空中有一条环形跑道。

以左转弯封闭航线为例:在无人机直线飞行接近开度 120°的右底边时,打左副翼,使无人机向左倾侧(当无人机倾侧时,由于左右机翼升力不同及重力的作用,无人机会逐渐出现低头状态),补拉杆以确保无人机保持在同一高度上飞行。经过 180°转弯后,打右副翼,及时改平无人机姿态,使无人机纵向对准左边直线航线,进入直线飞行。在无人机直线飞行接近开度 120°的左底边时,打左副翼,使无人机向左横向倾侧,补拉杆以确保无人机保持在同一高度上飞行。经过 180°转弯后,打右副翼,及时改平无人机姿态,使无人机纵向对准右边直线航线,进入直线飞行。

(二)模拟飞行练习要领

模拟飞行练习封闭航线时的要求如下:

(1) 视线选择的场景应永远在镜头中,便于随时观察飞行高度。

(2) 开启飞行姿态窗口,便于随时观察飞行姿态。

(三)外场飞行训练要领

封闭航线外场飞行训练时的注意事项如下:

(1) 副翼进入转弯时,打副翼杆量的大小决定了无人机进入侧向倾侧的速度。
(2) 侧向倾侧的角度决定了转弯半径的大小,倾侧角度越大,则转弯半径越小。
(3) 转弯半径的大小决定于拉杆的配合度,转弯半径越小,拉杆杆量越大。
(4) 空中转弯一般不需要使用方向舵。

(四) 训练目标

封闭航线飞行训练的目标如下:
(1) 转弯时高度不能有变化,始终保持在同一高度上。
(2) 转弯动作的训练需充分练习,改平后必须在180°直线上。
(3) 近航线和远航线的高度对机身侧面倾侧需判断一致。

在封闭航线外场飞行训练时,能达到左右航线高度、转弯半径、空中轨迹基本一致,即可视为封闭航线训练基本合格。

四、五边航线及低空通场训练

五边航线是降落着陆的规定航线,指起飞离场边、侧风边、顺风边、底边和着陆进场边,如图2-8-6所示。

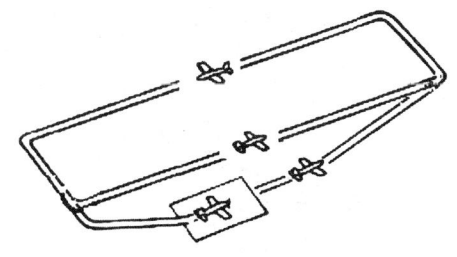

图2-8-6 五边航线示意图

(一) 五边航线基础知识

在熟练掌握着陆技巧前,我们要进行大量的五边航线训练和低空通场训练。

低空通场是日常训练时飞行高度故意降低的训练科目之一。

1. 以风向从右至左为例。无人机起飞为第一边——离场边;无人机达到正常高度后(封闭航线高度)左转90°进行第一转弯,进入第二边——侧风边;当无人机达到封闭航线右边角时左转90°进行第二转弯,进入第三边——顺风边;到达封闭航线左边角时左转90°进行第三转弯,进入第四边——底边,进入第四边开始逐渐下滑降低高度;无人机到达跑道延长线上方时左转90°进行第四转弯,进入第五边——着陆进场边。

2. 全风门复飞。进入第五边后对正跑道中心,无人机高度降至安全可控高度,匀速通场后再全油门复飞。

(二) 模拟飞行练习要领

模拟飞行练习低空通场五边航线时的要求如下:
(1) 选择有跑道及中心线的场地。
(2) 视线选择的场景应永远在镜头中,便于随时观察飞行高度。

(三) 外场飞行训练要领

低空通场五边航线飞行训练时的注意事项如下:

(1) 第三边需要适当向外、向左飞行,左边角尽量靠外,为第四边和第五边保留足够的余量。

(2) 第三边为顺风飞行,应提前减速,进入第四边后保持正常的下滑角。

(3) 进入第五边后,随时保持机翼与跑道平行,方向的修正尽量利用方向舵。

(4) 低空匀速通场先从距离地面 10m 高度左右开始练习,逐渐降低高度,最后要求在 1m 高度匀速、直线通场。

(四)训练目标

低空通场的训练和五边航线飞行训练的目标如下:

(1) 每条边的转角为 90°。

(2) 第三边开始下滑轨迹柔和。

(3) 低空通场高度稳定、方向准确。

在低空通场训练及五边航线飞行训练时,能达到下滑轨迹柔和、通场高度至 1m 后一直稳定,即可视为五边航线与低空通场飞行基本合格。

五、着 陆

着陆,指飞机从安全高度下滑过渡到接地滑跑直至完全停止的整个减速运动过程。着陆轨迹如图 2-8-7 所示。

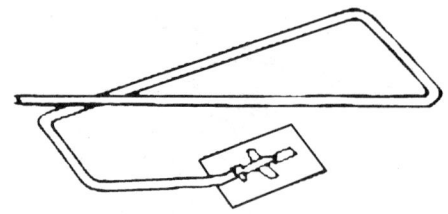

图 2-8-7 着陆轨迹示意图

(一)着陆的基础知识

在通过大量的低空通场训练和五边航线训练后,第五边能一直维持在 1m 高度、正对跑道中心,可以开始着陆训练。

着陆距离——无人机从安全高度开始至滑跑停止所经过的水平距离。

接地速度——无人机主轮开始接触地面瞬间的水平速度。

滑跑距离——从主轮接地点开始滑跑至无人机停止所经过的水平距离。接地速度越大,滑跑距离越长。

为了降低接地速度和缩短滑跑距离,可以采用的措施:在机翼上设置襟翼、缝翼,控制机翼的附面层;使用阻力板、减速伞或反推力装置等。

无人机着陆一般分下滑、拉平、平飞、飘落、滑跑五个阶段进行。

1. 下滑:下滑段发动机处于息速状态(电动机处于低速状态),航迹接近于直线,下滑角保持某一负值(如 $-1°\sim-7°$)。

2. 拉平:下滑到离地面 1~2m 时,拉杆将机头抬起,进入拉平阶段。

3. 平飞:在降至离地面 0.3~0.5m 时,拉平段结束,无人机进入平飞减速段。在此阶段中,为保持无人机升力与重量平衡,应柔和地拉杆,逐渐增大迎角。在空气阻力作用下,速度不断降低,无人机缓慢下沉。

4. 飘落:当升力减小到小于无人机重量时,进入飘落阶段,飞机逐渐飘落。

5. 滑跑:当主轮接地时进入滑跑阶段,无人机便开始沿跑道滑跑,此时需将发动机熄火(电动机关闭)。滑跑速度减小到一定程度时,松开拉杆(起落架为前三点式时)进行三轮滑跑,直至完全停止,着陆过程结束。

(二)模拟飞行练习要领

模拟飞行练习着陆时的要求如下:

(1)选择有跑道及中心线的场地。

(2)视线选择的场景应永远在镜头中,便于随时观察飞行高度。

(3)每次着陆必须处于跑道正中心,无人机完全静止时与操控员距离相对合适。

(三)外场飞行训练要领

着陆训练时的注意事项如下:

(1)必须在无人机即将到达跑道延长线上方时进行第四转弯,否则会出现斜切进入跑道,从而缩短跑道的有效长度。

(2)下滑过程中拉杆杆量柔和,此时仅利用无人机向前的惯性,拉杆杆量过大容易失速。用方向舵修正方向,同时保持机翼与地面平行状态。

(3)当无人机速度接近失速临界点时方可接地,柔和接地后控制好方向舵和升降舵,直至无人机完全停止。

(4)着陆的接地点一般要求在接近操控员正前方的跑道上,如速度偏快,不适宜降落,建议加速复飞,重复着陆动作。

(四)训练目标

着陆训练的目标如下:

(1)根据每次无人机不同的速度、高度和风向等综合因素,准确判断第三转弯点。

(2)根据飞行速度科学判断下滑角度,使着陆前进入下滑的航线柔和。

(3)根据侧风选择下滑方向,保证接地点准确。

(4)柔和接地、平稳滑行、方向准确。

在着陆训练时,能达到下滑轨迹柔和、接地点准确,即可视为着陆训练基本合格。

六、水平"8"字训练

水平"8"字,指飞机在空中划出如"8"字样的航线轨迹。如图 2-8-8 所示为水平横"∞"字轨迹示意图。

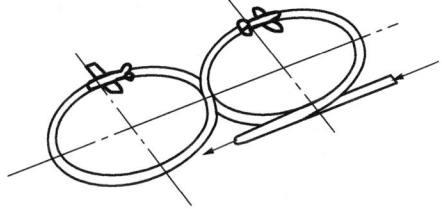

图 2-8-8 水平横"∞"字轨迹示意图

(一) 水平"8"字训练基础知识

在熟练掌握封闭航线和五边航线后,可以开始水平"8"字训练。

1. 水平横"∞"字。以左边进入动作为例:直线航线进入动作区域后打左副翼,无人机进入左转弯,保持转弯角和高度;在飞机左转 360°+1/4 圈时进入右转弯动作,打右副翼,无人机进入右转弯,保持同样的转弯角和高度;在无人机完成右转 360°时打左副翼进入左转弯,使无人机在空中划出横向"∞"字轨迹。

2. 动作改出。横"∞"字动作改出都要求在动作全部完成后,从进入的位置改出动作,恢复正常直线航线。

(二) 模拟飞行练习要领

模拟飞行练习水平"8"字时的要求如下:

(1) 选择有跑道及中心线的场地。

(2) 视线选择的场景应永远在镜头中,便于随时观察飞行高度。

(三) 外场飞行训练要领

水平"8"字飞行训练时的注意事项如下:

(1) 先做单个圆形动作轨迹。

(2) 在单个圆形动作熟练后开始衔接两个圆形动作轨迹。

(3) 动作全程使用副翼,不得用方向舵。

(四) 训练目标

水平"8"字飞行训练的目标如下:

(1) 动作进入和动作改出必须在同一位置。

(2) "8"字的两个圆交接处必须在操控员正前方。

(3) 水平横"∞"字左右两个圆的轨迹必须大小一致,水平竖"8"字前后两个圆必须大小一致。

(4) 整个动作高度必须一致。

在水平横"∞"字外场飞行训练时,能达到左右(水平竖"8"字为前后)圆形轨迹和高度一致、两个圆交接处在操控员正前方,即可视为水平"8"字动作训练基本合格。

七、1/2 古巴"8"字特技航线

1/2 古巴"8"字是特技航线飞行中掉头的方法之一。1/2 古巴"8"字轨迹如图 2-8-9 所示。

图 2-8-9 1/2 古巴"8"字轨迹示意图

(一) 1/2 古巴"8"字的基础知识

在日常飞行中,我们需要熟练掌握无人机横向滚转的控制。

(1) 无人机在直线航线端头时进入动作,拉杆使无人机抬头至 60°,打左副翼(或打右副翼),使无人机在保持爬升角的同时横侧滚转 180°,进入倒飞状态;继续保持 60°爬升角,带拉杆,收油门减速;无人机画出圆弧形轨迹,再回到进入点时 1/2 古巴"8"字动作完成。

(2) 动作改出后,加油门保持直线航线,至航线另一端时重复 1/2 古巴"8"字动作,形成特技航线。

(二) 模拟飞行练习要领

模拟飞行练习 1/2 古巴"8"字的要求如下:

(1) 选择有跑道及中心线的场地。

(2) 视线选择的场景应永远在镜头中,便于随时观察飞行高度。

(三) 外场飞行训练要领

外场飞行训练 1/2 古巴"8"字的注意事项如下:

(1) 进入动作前无人机横向飞行必须稳定;否则,拉杆抬头后飞行航向会出现明显偏差。

(2) 180°横滚时需要快速打副翼,减少航向偏差,并及时回中,保持倒飞姿态。

(3) 进入倒飞阶段需适当推杆保持继续上升姿态。

(4) 拉杆后收油门减速,使无人机画出圆弧形轨迹,进入俯冲状态后及时修正副翼,动作改出后对准航向。

(四) 训练目标

1/2 古巴"8"字训练的目标如下:

(1) 滚转需迅速、准确。

(2) 动作顶端圆弧形必须柔和、饱满。

(3) 动作进入和改出时高度、位置必须一致,改出后航向精准。

在 1/2 古巴"8"字训练时,能达到爬升角和 180°横滚规范,改出后能在同一高度和航线上,即可视为 1/2 古巴"8"字训练基本合格。

第九节　单旋翼无人机飞行训练

一、定位悬停与着陆

单旋翼无人机旋转着的旋翼是一个均匀作用于空气的无限薄的圆盘(即"桨盘"),它给空气向下的作用力,推动空气向下加速流动。此时,空气就反过来给圆盘一个大小相等、方向相反的反作用力,即拉力,其大小可以支托全机的重量。

(一) 定位悬停的基础知识

当单旋翼无人机的旋翼产生的拉力与重力相等时,单旋翼无人机可以实现空中悬停。此时,利用主旋翼克服前后、左右的惯性,利用尾桨控制方向,使单旋翼无人机在相对固定的空中位置实现定位悬停。

(二) 定位悬停模拟飞行练习要领

模拟飞行练习悬停时的要求如下:

(1) 在模拟器的"选择场地"—"场地布局"中选择"目标降落",在场地上出现圆环,将无人机起飞位置设置在圆环中心,如图2-9-1所示。

图2-9-1 设置起飞中心位置

(2) 油门缓慢加速,直至机身略微离地。调整机身方向,一直保持机尾正对自己。无人机缓慢升空至1.5~2m高度,保持高度、方向、前后左右的位置不变。

(3) 单旋翼无人机的操控,要求快速、灵敏。在无人机即将开始有姿态变化前操控,否则将因惯性作用导致姿态变化加重。

(4) 悬停动作是单旋翼无人机所有动作的基本功。在模拟飞行训练中,需保持将单旋翼无人机一直控制在0.5m活动半径范围内3min以上。

(5) 着陆要求:接地动作轻柔,精准降落在起飞点上。

(三) 定位悬停外场飞行训练要领

1. 每次起飞前,都需要地面检查。地面检查步骤如下:

(1) 外部目视检查:各结构件有无松动。

(2) 开机检查:全部舵面反应是否正常。

(3) 电动机动力检查:电子调速器工作是否正常,旋翼旋转是否稳定,有无共振。

(4) 内燃机动力检查:启动后判断声音是否连贯,油门响应是否灵敏,怠速是否正常,旋翼旋转是否稳定,有无共振。

2. 定位悬停外场飞行训练的注意事项如下:

(1) 远离人群,操控员与无人机保持5m以上安全距离。

(2) 机尾正对操控员方向,油门缓慢加速,在无人机即将离地时检查无人机对各个舵面的响应是否正常。

(3) 油门缓慢加速,无人机缓缓离地升空至1.5~2m高度,保持高度、方向、前后左右的位置不变。

(4) 将无人机一直控制在 0.5m 活动范围内。

(四) 着陆训练
着陆时随着旋翼转速的下降和螺距的减小,无人机缓慢下降,保持柔和接地后收油门。

(五) 训练目标
定位悬停外场训练的目标如下:
(1) 舵面操作不错舵,舵量精准、及时。
(2) 无人机移动半径要求控制在不超过 0.3m 范围。
(3) 无人机一直维持在同一高度,上下波动范围不超过 0.3m。

按照上述标准,定位悬停超过 3min 视为定位悬停外场训练基本合格。

二、四位悬停

在基本的对尾定位悬停练习熟练后,可以开始练习四位悬停。

(一) 四位悬停的基础知识
四位悬停(图 2-9-2),指无人机在操控员面前四个不同的悬停方位,分别为基本的对尾悬停、右侧方 90°悬停、左侧方 90°悬停和对头悬停。对尾悬停是基础的定位悬停。

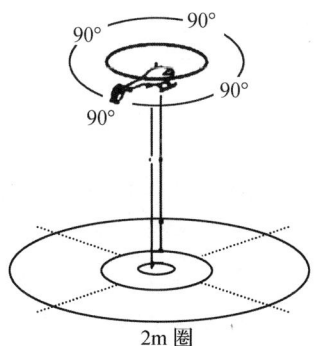

图 2-9-2 四位悬停示意图

(二) 模拟飞行练习要领
模拟飞行练习要领如下:
(1) 场地选择:在模拟器的"选择场地"—"场地布局"中选择"F3C 区域"。
(2) 模拟飞行练习时,要求无人机与操控员保持在 5m 以上距离,杜绝无人机太靠近操控员。
(3) 模拟练习需要循序渐进,严格按照外场训练的要求进行练习。
(4) 各种姿态的悬停在模拟飞行练习中能精准保持 3min 以上后,方可进行外场训练。

(三) 四位悬停的外场训练要领
四位悬停的外场训练的要领如下:
(1) 在基本的对尾悬停熟练后,可以开始尝试右侧方和左侧方 90°悬停。侧方 90°悬停可以按照过渡法进行,先练习从对尾悬停转向 45°位置开始,逐步过渡到 90°。练习要领和要求与基本的定位悬停一致。
(2) 在对尾、左右侧方悬停熟练后,可以开始对头悬停练习。对头悬停时副翼、方向、俯仰舵面的操作在视觉上都是反向操作,因此训练时要求舵量要小,避免反舵,在准确判断机身姿态的同时,一定要避免无人机飞向自己。

(3) 在精准、熟练掌握四位悬停后,可以进行原地自旋训练。原地自旋即把四位悬停动作衔接起来,沿一个方向进行悬停旋转,高度不变,移动半径不超过0.3m。

(四) 训练目标

四位悬停外场训练的目标如下:

(1) 各角度悬停时舵面操作不错舵,舵量精准、及时。

(2) 无人机移动半径要求控制在不超过0.3m范围。

(3) 无人机一直维持在同一高度,上下波动范围不超过0.3m。

按照上述标准,各角度都能保持3min以上,视为四位悬停外场训练基本合格。

三、航　线

四位悬停通过后,可以开始小航线的训练。如果四位悬停没通过,建议先不要着手航线训练。

(一) 航线的基础知识

单旋翼无人机航线的概念与固定翼无人机航线概念不同,单旋翼无人机的航线是指无人机从左至右或从右至左以及纵向、斜向的直线飞行。

(二) 航线模拟飞行练习要领

航线模拟飞行练习要领如下:

(1) 模拟飞行练习时,要求无人机与操控员保持在5m以上距离,杜绝无人机太靠近操控员。

(2) 模拟练习需要循序渐进,控制前进速度。

(3) 到达航线端头时减速至悬停,用尾桨缓慢调整方向,熟练掌握双向转向。

(三) 航线的外场训练要领

航线的外场训练要领如下:

(1) 如图2-9-3所示,先从小航线训练开始,航线长度控制在左右各5m,保持安全高度。低速、缓慢前行,达到航线端头后保持悬停,用方向舵控制尾桨转向180°后重复动作。

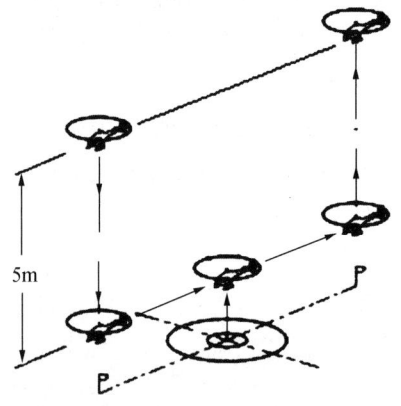

图2-9-3　垂直矩形航线示意图

(2) 小航线熟练掌握后,可逐渐延长航线长度,同时速度逐步提升。航线长度最大在左右各 50m,高度一般在 2～30m 范围内。

(3) 在左右航线熟练掌握后,开始纵向、斜向航线训练。纵向、斜向航线训练步骤与左右航线训练步骤一致,按照从近到远、从低到高的原则进行。

(4) 所有航线的训练要求无人机与操控员保持 5m 以上安全距离。

(四) 训练目标

航线训练的目标如下:

(1) 航线高度维持不变。

(2) 航线方向呈一条直线,尽量用方向舵而不用副翼调整航向。

(3) 飞行速度均匀,到达航线端头掉头时高度维持不变。

达到上述标准,视为单旋翼无人机航线训练基本合格。

四、水平"8"字航线

在四位悬停和航线熟练掌握后,开始水平"8"字航线训练。

(一) 水平"8"字航线的基础知识

水平"8"字航线(图 2-9-4)是指单旋翼无人机机头向着航线前方,以较快的速度,在同一水平高度上,完成横"∞"字(水平"8"字)或竖"8"字航线。

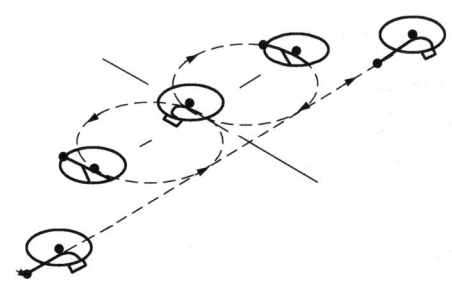

图 2-9-4 水平"8"字航线示意图

(二) 模拟飞行练习要领

模拟飞行练习要领如下:

(1) 模拟练习时将机头时刻对准航线,使无人机一直保持前进姿态。

(2) 模拟训练需循序渐进,无人机从安全高度开始训练,前进速度逐步加快。

(3) 熟练掌握顺时针与逆时针横"∞"字与竖"8"字飞行。

(三) 水平"8"字航线的外场训练要领

水平"8"字航线的外场训练要领如下:

(1) 控制飞行速度并保持安全高度,适应飞行一定的圈数后,逐步降低高度,提高飞行速度。

(2) 尾桨与副翼紧密配合,尽量使无人机飞行轨迹柔和。

(3) 时刻注意顺风、逆风、左右侧风时无人机姿态的控制。

(四) 训练目标

水平"8"字航线外场训练的目标如下:

(1) 飞行速度匀速、一致,高度一致。
(2) 左右转弯半径一致,转弯坡度一致。
(3) "8"字交叉点处于操控员正前方,每次交叉点位置不变。
达到上述标准,视为水平"8"字航线训练基本合格。

五、熄火降落

熄火降落,又称为自旋降落。其原理就是飞行中单旋翼无人机关闭发动机,使其失去动力,利用主旋翼的自旋惯性与螺距的变化,来达成熄火降落的目的。

(一)熄火降落基础知识

单旋翼无人机结构较为复杂,单向轴承运用到单旋翼无人机上后,使得单旋翼无人机的性能更进一步提升,动力的损耗相对较小。当发动机意外熄火失去动力时,不会造成机体偏移等问题,使得熄火降落得以实施。

熄火降落是充分利用风车效应,使主旋翼在无动力状态下高速旋转,从而确保由于发动机意外熄火不至于摔机,能在 20m 以上高度安全地将单旋翼无人机降落。

(二)熄火模拟飞行练习要领

熄火模拟飞行练习要领如下:
(1) 选择模拟器中的"训练模式"—"自旋降落(熄火降落)"。
(2) 选择高度 40m,左边和右边都需要轮流进行训练。
(3) 要求每次都能安全准确地降落在圆心内。

(三)熄火降落外场训练要领

熄火降落外场训练要领如下:
(1) 发射机设置熄火降落开关,练习时油门设置在 10%~18%范围,确定离合器在此风门状态下能完全分开,发动机空转。
(2) 发动机熄火高度保持在 30m 左右,打开熄火降落开关,保持正常下降速度(油门操纵杆保持 30%~40%)。当无人机离地高度 10m 左右时,开始增加油门操纵杆,降低下降速度。注意:动作不要过大,不要出现悬停而消耗动能。
(3) 在无人机接地前,逐渐收油门,使无人机柔和接地。

(四)训练目标

熄火降落外场训练的目标如下:
(1) 熄火降落时机身无自转,沿着预定的方向滑降。
(2) 下滑线路柔顺,中途无停顿。
(3) 接地动作轻柔,落点准确。
达到上述标准,视为熄火降落外场训练基本合格。

第十节 多旋翼无人机飞行训练

一、精准悬停

多旋翼无人机在空间中是不可能时刻保持静止不动的,譬如在侧风的影响下,无人机可能会向某一个方向偏离。为避免这种情况的出现,需要引入三轴角速度传感器和超声测距仪,利用三个轴向上的角速度和 Z 轴方向上的加速度以及实时高度的变化率对 X、Y 轴方向上的加速度进行校正,从而得出真实的倾角信息。传感器的输出信号经过模拟放大和模拟滤波之后,送入 AD 变换电路转换为数字信号再送入微处理器控制单元(Microprocessor Control Unit,MCU),由 MCU 进行包括但不仅限于 kalman 滤波等的数字信号处理,再依据 MCU 中的整套航姿控制算法得出控制量,送入专司电动机控制的 MCU 中对各个电动机进行实时控制。

(一) 精准悬停的基础知识

当我们同时增加或减小各旋翼的转速,进而改变施加于多旋翼无人机上升力的大小,当升力总和大于或小于无人机重力时,无人机实现垂直上升或下降运动;当升力总和等于无人机自身重力时,多旋翼无人机处于悬停姿态。此时由于侧风的作用,在无人机高度不变的情况下,会出现前后左右的飘移。我们利用 MCU 克服飘移,使无人机始终处于同一高度和位置,如图 2-10-1 所示。

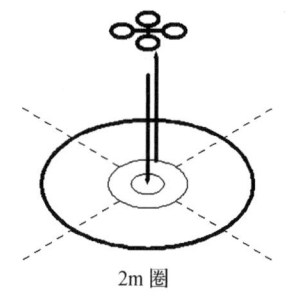

图 2-10-1 多旋翼无人机悬停

(二) 精准悬停模拟飞行练习要领

模拟飞行练习悬停的要求如下:

(1) 在模拟器的"选择场地"—"场地布局"中选择"F3C 区域",场地上出现圆环及左右风标,将多旋翼无人机位置设置在圆环中心。

(2) 发射机调整:风门为上升、下降,副翼为左右横移,方向舵为方向调整,升降舵为前后移动。

(3) 无人机保持 1.5~2m 高度,保持高度、方向、前后左右的位置不变,练习精准悬停和四位悬停。

(4) 需将多旋翼无人机一直控制在 0.5m 活动半径范围内 3min 以上。

(5) 着陆要求:接地动作轻柔,精准降落在起飞点上。

(三) 精准悬停外场飞行训练要领

1. 每次起飞前,都需要地面检查。地面检查步骤如下:

(1) 外部目视检查:各结构件有无松动。

(2) 开机检查:无线电信号链是否正常,螺旋桨安装是否正确,旋翼旋转是否稳定,有无共振。

2. 精准悬停外场飞行训练的注意事项如下:

(1) 地面设置 2 个以上标志,操控员与无人机保持 3m 以上安全距离。

(2) 机尾正对操控员方向,在无人机离地到达 1.5m 高度时悬停,检查无人机对各个舵面的响应是否正常。

(3) 将无人机一直控制在各个标志上方,高度不变,移动范围不超过 0.3m。

(四) 着陆训练

着陆时随着旋翼转速的下降和螺距的减小,无人机缓慢下降,接地后收油门。

(五)训练目标

多旋翼定位悬停外场训练的目标如下:
(1) 舵面操作不错舵,舵量精准、及时。
(2) 无人机悬停移动半径要求控制在不超过 0.3m 范围。
(3) 无人机始终维持在同一高度,上下波动范围不超过 0.3m。
按照上述标准,保持 3min 以上,视为定位悬停外场训练基本合格,达到较精准水平。

二、水平"8"字航线

在四位悬停熟练掌握后,开始水平"8"字航线训练。

(一)水平"8"字航线的基础知识

水平"8"字航线(图 2-10-2),指多旋翼无人机机头向着航线前方,以均匀的速度,在同一水平高度上,完成横"∞"字(水平"8"字)或竖"8"字的航线。

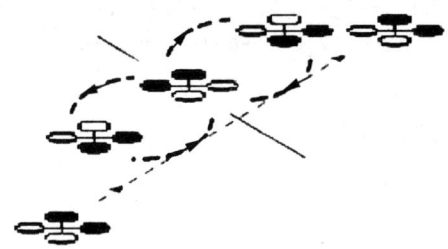

图 2-10-2 水平"8"字航线示意图

(二)水平"8"字模拟飞行练习要领

水平"8"字模拟飞行练习要领如下:
(1) 模拟练习时将机头时刻对准航线,使无人机一直保持前进姿态。
(2) 模拟训练需循序渐进,无人机保持高度不变,前进速度逐步加快。
(3) 熟练掌握横"∞"字与竖"8"字,顺时针与逆时针"8"字航线。

(三)水平"8"字航线的外场训练要领

水平"8"字航线的外场训练要领如下:
(1) 控制飞行速度并保持安全高度,适应飞行一定的圈数后,逐步提高飞行速度。
(2) 方向与副翼紧密配合,尽量使无人机飞行轨迹柔和。
(3) 时刻注意顺风、逆风、左右侧风时无人机姿态的控制。

(四)训练目标

水平"8"字航线外场训练的目标如下:
(1) 飞行速度匀速、一致,高度一致。
(2) 左右转弯半径一致,转弯坡度一致。
(3) "8"字交叉点处于操控员正前方,每次交叉点位置不变。
达到上述标准,视为多旋翼水平"8"字航线外场训练基本合格。

三、双向绕飞

多旋翼飞行与其他无人机飞行要求不同,多旋翼允许在操控员的前后左右飞行,没有禁飞区的规定。

(一) 双向绕飞的基础知识

双向绕飞，指多旋翼无人机机头始终对准操控员，在同一水平高度上，以操控员站立的位置为中心，完成横"∞"字或竖"8"字的航线。

(二) 双向绕飞模拟飞行练习要领

双向绕飞模拟飞行练习要领如下：

(1) 模拟练习时将机头时刻对准自己，使无人机一直保持横移姿态，操控员根据图传操作无人机，不得跟随无人机的航线转身。

(2) 模拟训练需循序渐进，无人机保持10m左右高度，横移速度逐步加快。

(3) 熟练掌握横"∞"字与竖"8"字的顺时针与逆时针飞行。

(三) 双向绕飞的外场训练要领

双向绕飞的外场训练要领如下：

(1) 控制飞行速度并保持10m以上高度，适应飞行一定的圈数后，逐步提高飞行速度。

(2) 方向与副翼紧密配合，使无人机始终对准操控员，飞行姿态标准、轨迹重叠。

(3) 时刻注意顺风、逆风、左右侧风时无人机姿态的控制。

(四) 训练目标

双向绕飞外场训练的目标如下：

(1) 飞行速度匀速一致，高度一致。

(2) 左右转弯半径一致，转弯坡度一致。

(3) "8"字交叉点处于操控员正上方，每次交叉点位置不变、轨迹重叠。

达到上述标准，视为多旋翼双向绕飞外场训练基本合格。

四、超视距飞行训练

多旋翼无人机的飞行可以由图传进行超视距飞行控制。

(一) 超视距飞行的基础知识

超视距飞行，指多旋翼无人机超出操控员视距范围之外，根据图传信息控制无人机飞行。

(二) 超视距模拟飞行练习要领

超视距模拟飞行练习要领如下：

(1) 场地选择：在模拟器中选择"更换飞行场地"—"3D场地"。

(2) 视角选择：在模拟器中选择"查看信息"—"摄像机视角"—"座舱"。

(3) 模拟训练时逐渐缩短无人机与参照物的距离。

(三) 超视距飞行的外场训练要领

超视距飞行的外场训练要领如下：

(1) 严格遵守无人机飞行的相关法规，事先申报飞行空域及飞行时间段，严格禁止进入禁飞区，始终保持在合法的空域内飞行。

(2) 操控员选择空旷、无遮挡区域为操控区，提前观察目标区域内有无电线、高压线等图传不易察觉的障碍物。事先规划好飞行线路，做到航线效率最大化。

（3）无人机升空至2m高度悬停，检查图传数据是否正常，在确认高度、距离、方位等各类数据正确后，拉升高度与速度，对准目标飞行。

（4）训练初期，安排助手在参照物前配合指挥，逐步适应无人机与参照物的图传显示和实际距离的区别。

（5）保持无人机与参照物（或障碍物）的安全距离，对无人机的位置始终要有三维概念。

（6）飞行过程中时刻关注电压变化。

（7）任务结束后及时返回，返回采取对头飞行，始终用图传观察前方是否有障碍物。在无人机进入目视范围时，减速调整方向，用后退的姿态降落。

（四）训练目标

超视距飞行训练的目标如下：

（1）事先规划线路科学、高效。

（2）抵近目标参照物在安全、有效范围内。

（3）空间三维概念强，随时知道无人机的空中位置。

达到上述标准，视为多旋翼超视距飞行外场训练基本合格。

第三章 无人机组装及维修

第一节 固定翼无人机组装及调试

一、组装常用工具及辅料

（一）组装常用工具

固定翼无人机组装的常用工具有电烙铁、螺丝刀、剥线钳、剪钳、美工刀。

1. 电烙铁。电烙铁可分为直插式电烙铁和恒温式电烙铁。直插式电烙铁的功率分别有20W、25W、35W、45W等几种，功率在出厂前已调节固定好，使用者无法调节功率大小。直插式电烙铁由烙铁头、手柄、电源插头组成，如图3-1-1所示。

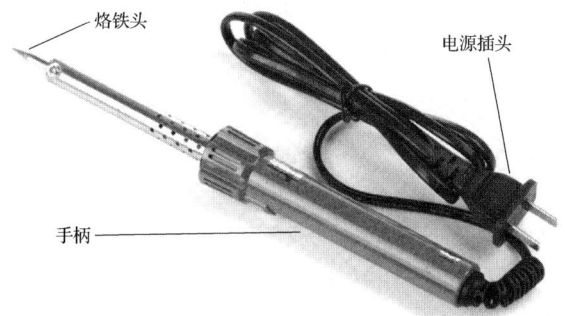

图3-1-1 直插式电烙铁

恒温式电烙铁温度可从0℃调节到480℃，使用者可根据需要的温度进行调节。恒温式电烙铁由烙铁头、手柄、主机、调节旋钮、烙铁架、电源插头组成，如图3-1-2所示。

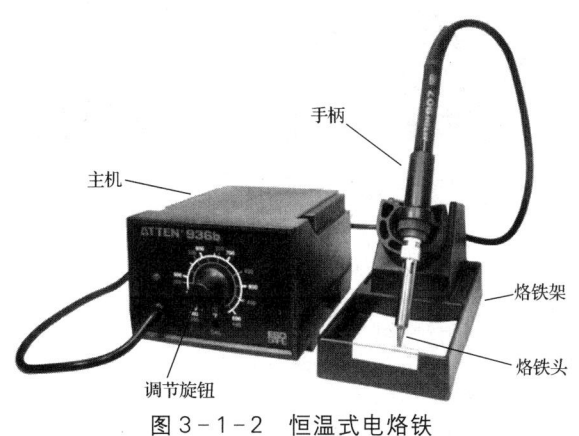

图3-1-2 恒温式电烙铁

（1）新电烙铁在使用前的处理。新电烙铁在使用前先给烙铁头镀上一层焊锡才能正常使用。当电烙铁使用一段时间后，烙铁头的刀刃面及周围就生成一层氧化层，这样便会发生吃锡困难现象，此时可锉去氧化层，重新镀上焊锡。

（2）电烙铁的握法。

① 反握法：用五指把电烙铁的柄握在掌中，如图3-1-3所示。此法适用于大功率电烙铁，焊接散热量较大的被焊件。

② 正握法：除大拇指外用四指握住电烙铁手柄，大拇指顺着电烙铁方向压紧，如图3-1-4所示。此法适用的电烙铁功率比较大，且多为弯形烙铁头。

③ 握笔法：握电烙铁如握钢笔，如图3-1-5所示。适用于小功率电烙铁，焊接小的被焊件。无人机焊接一般使用握笔法进行焊接。

图3-1-3　反握法　　　图3-1-4　正握法　　　图3-1-5　握笔法

（3）使用步骤（恒温式电烙铁）。

① 先检查手柄接头是否拧紧、烙铁头是否松动，当检查结果为正常时再将电源插头插上通电。

② 将电源开关切换至"ON"位置。

③ 将调节旋钮旋至所需要的工作温度刻度显示值上，直至温度稳定且指示灯开始在隔时闪烁时，此时处于恒温状态，方可正常使用。无人机焊接适宜温度为320℃。

④ 如温度不正常，必须停止使用，并送去维修。

（4）焊接五步法，如图3-1-6所示。

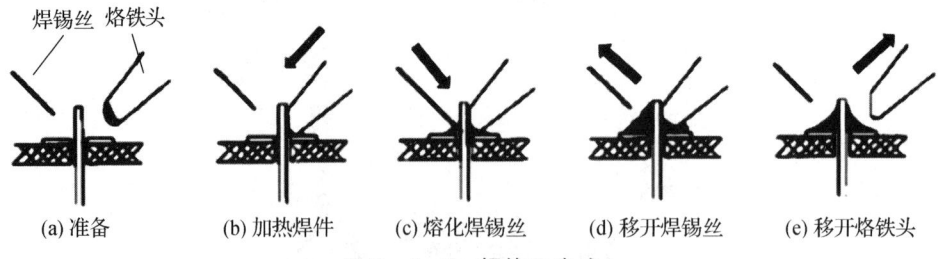

图3-1-6　焊接五步法

① 准备。准备好焊锡丝和电烙铁。此时特别强调的是烙铁头部要保持干净，则可以沾上焊锡（俗称"吃锡"）。

② 加热焊件。将电烙铁接触焊接点，首先要保持电烙铁加热焊件各部分，如印制板上引线和焊盘都要均匀受热，其次要让烙铁头的扁平部分（较大部分）接触热容量较大的焊件，

烙铁头的侧面或边缘部分接触热容量较小的焊件,以保持焊件均匀受热。

③ 熔化焊锡丝。当焊件加热到能熔化焊锡丝的温度后将焊锡丝置于焊点上,焊锡丝开始熔化并润湿焊点。

④ 移开焊锡丝。当熔化一定量的焊锡丝后将焊锡丝移开。

⑤ 移开烙铁头。当焊锡丝完全润湿焊点后移开烙铁头,注意移开烙铁头的方向大致为45°方向。

(5) 重复上述使用步骤。

① 直插式电烙铁。

a. 擦拭烙铁头。

b. 将电源开关切换至"OFF"位置,并在烙铁头上熔少许焊锡丝,以此保护烙铁头避免氧化。

c. 将调节旋钮旋至可设定的最低温度。

d. 拔下电源插头。

② 恒温式电烙铁。

a. 清洁擦拭烙铁头。

b. 在烙铁头上熔少许焊锡丝,保护烙铁头以避免氧化。

c. 将电烙铁插入恒温烙铁支架中。

d. 拔下电源插头。

(6) 焊接注意事项。

① 当温度未达到规定时不能使用,以防焊坏被焊器件。

② 手柄线或电源线绝缘层破损不能使用,以防触电。

③ 手不能直接接触手柄发热区,以免烫伤。

④ 去除烙铁头上的锡渣时,敲的力度应小,以免锡渣弹到眼睛里或身上,造成人体伤害。而且电烙铁芯敲打力度也不能过大,否则易断。

⑤ 焊接时长要适当,从加热焊接点到焊锡丝熔化并流满焊接点一般应在几秒钟内完成。如果焊接时间过长,则焊接点上的焊剂完全挥发,就失去了助焊作用;如果焊接点的温度达不到焊接温度,焊锡丝不能充分熔化,容易造成虚假焊。

⑥ 焊锡丝与焊剂使用要适量,一般焊接点上的焊锡丝与焊剂使用过多或过少都会给焊接质量造成很大的影响。

⑦ 应防止焊接点上的焊锡任意流动,理想的焊接应当是焊锡只焊接在需要焊接的地方。在焊接操作上,开始时焊锡丝要少些,待焊接点达到焊接温度,焊锡丝流入焊接点空隙后再补充焊锡丝,并迅速完成焊接。

⑧ 焊接过程中不要触动焊接点,即在焊接点上的焊料尚未完全凝固时,不应移动焊接点上的被焊器件及导线,否则焊接点会变形,出现虚焊现象。

⑨ 焊接时应注意不要使电烙铁烫到周围导线的塑胶绝缘层及元器件的表面,尤其是焊接结构比较紧凑、形状比较复杂的产品。

⑩ 焊接完毕后,及时做好焊接后的清除工作,应将剪掉的导线头及焊接时掉下的锡渣等及时清除,防止落入产品内带来隐患。

⑪ 各类元器件焊接温度见表 3-1-1。

表 3-1-1　各类元器件焊接温度

元器件类型	焊接温度/℃	焊接时间/s
IC 类元器件	280～300	3
贴片类元器件	280～320	2～3
插件类元器件	300～350	3～5
较大元器件	350～380	5～7

注意：热敏感元器件(如晶振等)焊接时一定要控制好电烙铁温度和焊接时间,避免焊接温度太高和时间太长而使元器件损坏。

(7) 电烙铁保养方法。

① 使用完后关掉电源,再将锡熔涂一层在烙铁头上,用锡包住烙铁头即可,防止烙铁头氧化。

② 清洁电烙铁表面污渍,用海绵加水湿润。

2. 螺丝刀。螺丝刀可分电动螺丝刀和手动螺丝刀。

(1) 电动螺丝刀。指我们平时说的电动起子,是一种与螺丝配套使用的拧紧或者拧松螺丝的常用工具,但是电动螺丝刀与普通起子不同,以电力为驱动力。它由电源变压器、手柄、电劈头组成,另需配备螺丝盒使用,如图 3-1-7 所示。

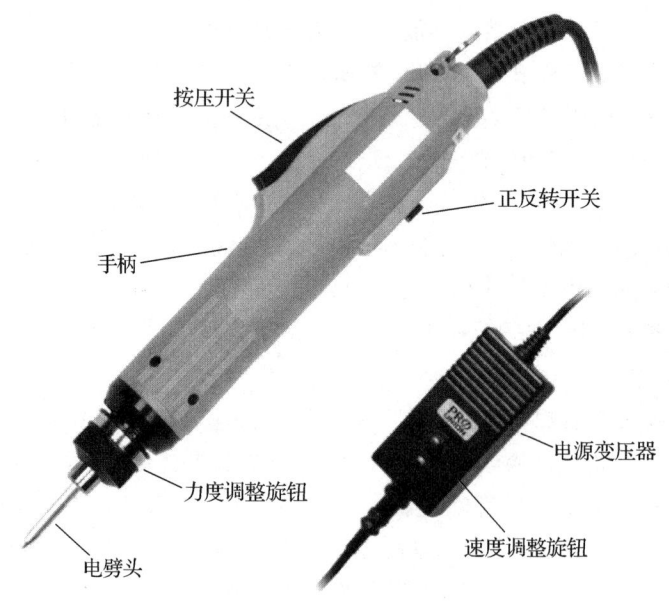

图 3-1-7　电动螺丝刀

① 电动螺丝刀操作方法。

a. 接上或卸下电劈头时,以指尖将电劈帽向上推。

b. 插入电源并将开关设在"F"的位置,装上电劈头,预先调整力度调整旋钮至锁紧螺丝所需扭力段的位置。

c. 用手指按下按压开关启动,将按压开关拉向自己的方向,启动电动机运转,即可拧紧螺丝。当螺丝锁紧超出设定扭力时,离合器会自动打滑,电劈头停止转动。

d. 当手放开按压开关时,起子电源被关闭,电动机停止工作,如此重复操作可继续使用。如果要松开螺丝时,开关应设在"R"位置,按上述操作即可完成。

e. 用力度调整旋钮来调整扭力,其机身上的段数并不代表输出扭力,应以扭力表为准。

② 电动螺丝刀使用前准备工作。

a. 检查供电是否正常。

b. 根据被锁螺丝的形状,配备好电劈头。

c. 设置好被锁紧产品的扭力。

③ 电动螺丝刀的使用注意事项及保养。

a. 连续使用时间过长,导致电动机发热时应停止使用,待完全冷却后方可使用。

b. 每天作业完成后应清洁保养,以延长使用寿命。

总之,电动螺丝刀是以电力为驱动力,因此在使用过程中一定要多加注意其使用方法与技巧,确保其在不受损的情况下最大限度地提升工作效率。

(2) 手动螺丝刀。常用手动螺丝刀分为一字、十字、六角等形状,如图3-1-8~图3-1-10所示。

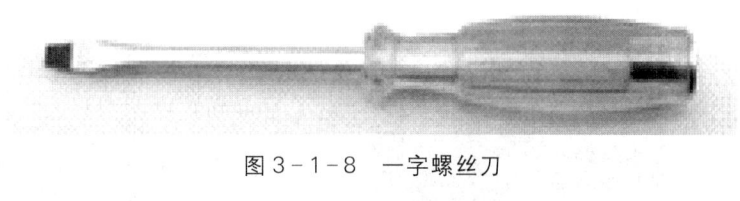

图 3-1-8　一字螺丝刀

图 3-1-9　十字螺丝刀

图 3-1-10　六角螺丝刀

① 手动螺丝刀的使用方法。

a. 使用时,不可把螺丝刀当撬棒或凿子使用。

b. 在使用前应先擦净螺丝刀柄和端口的油污,以免工作时滑脱而发生意外,使用后也要擦拭干净。

c. 正确的方法是以右手握持螺丝刀,手心抵住柄端,让螺丝刀端口与螺栓或螺钉槽口处于垂直吻合状态。

d. 当开始拧松或最后拧紧时,应用力将螺丝刀压紧后再用手腕力扭转螺丝刀;当螺栓松动后,即可用手心轻压螺丝刀柄,用拇指、中指和食指快速转动螺丝刀。

e. 选用的螺丝刀端口应与螺栓或螺钉上的槽口相吻合。如果端口太薄则易折断,太厚则不能完全嵌入槽内,易使刀口或螺栓槽口损坏。

f. 螺丝刀是一种用于拧紧或拧松带有槽口的螺栓或螺钉的手用工具。

② 螺丝刀的维护与保养。

a. 不要用螺丝刀旋紧或松开握在手中的工件上的螺钉,应将工件夹固在夹具内,以防伤人。

b. 不可用锤击螺丝刀柄端部的方法撬开缝隙或剔除金属毛刺及其他物体。

c. 当螺丝刀的刀口损坏、变钝时应及时修磨,用砂轮磨时要用水冷却;无法修补的螺丝刀,如刀口损坏严重、变形以及螺丝刀柄裂开或损坏应予以报废。

d. 应根据旋紧或松开螺钉头部的槽宽和槽形选用适当的螺丝刀;不能用较小的螺丝刀去旋拧较大的螺钉;十字螺丝刀用于旋紧或松开头部带十字槽的螺钉;弯头螺丝刀用于空间受到限制的场合。

3. 剥线钳。剥线钳由压线口和手柄组成,是内线电工和电动机修理、仪器仪表电工常用的工具之一。剥线钳的钳柄上套有额定工作电压500V的绝缘套管,适用于塑料、橡胶绝缘电线、电缆芯线的剥皮,如图3-1-11所示。

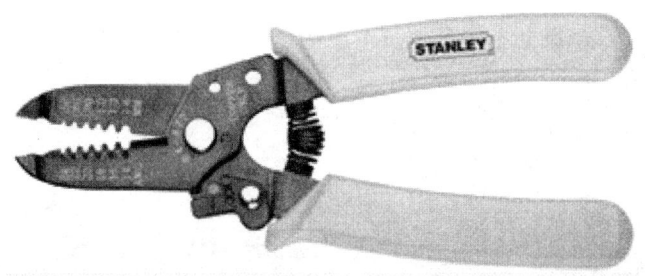

图 3-1-11 剥线钳

(1) 使用方法,如图3-1-12所示。

① 根据电缆的粗细规格选择相应的压线口。

② 将准备好的电缆放在剥线钳的刀刃中间,露出所需要剥线的长度。

③ 握住剥线钳手柄,将电缆夹住,缓缓用力使电缆外表皮慢慢剥落。

④ 松开剥线钳手柄,取出电缆线,这时电缆的金属部分整齐露出,其余绝缘材料完好无损。

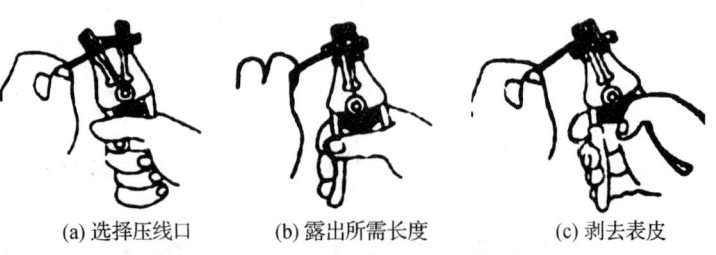

(a) 选择压线口　　(b) 露出所需长度　　(c) 剥去表皮

图 3-1-12 剥线钳使用方法示意图

(2) 使用注意事项。

① 为了不伤及断面周围的人和物,请确认剥落物的飞溅方向后再操作。

② 因剥线钳带有刀口,使用完后放在小孩拿不到的地方。

4. 剪钳。剪钳分为平口、尖嘴、斜口等种类,主要用来切割金属丝或导线。斜口钳的钳口有刀口,且尖部为圆形,不具备夹持零件的作用,只能用于切割金属丝或导线,如图3-1-13所示。

图 3-1-13 剪钳

(1) 使用方法。使用剪钳时用右手操作,将钳口朝向内侧,以便于控制钳切部位。将小指伸在两钳柄中间来抵住钳柄以张开钳口,可以灵活操作钳柄。

(2) 注意事项。使用剪钳要量力而行,不可以用来剪切钢丝、钢丝绳和过粗的铜导线及铁丝,否则容易导致钳口崩牙和损坏。

5. 美工刀。美工刀具有裁剪、切割、雕饰的功能,由刀架、刀片和推柄组成,如图3-1-14所示。

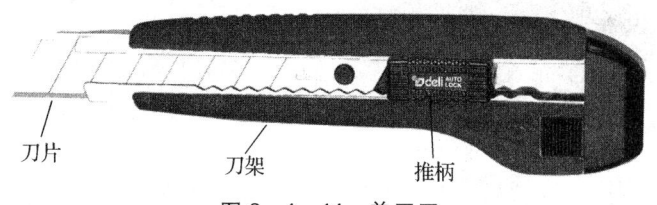

图 3-1-14 美工刀

(1) 使用方法。先将推柄从刀架中取出,把刀片装在推柄上,再推进刀架槽中锁紧推柄,然后将刀片推到需要的长度。

(2) 注意事项。刀片是开刃工具,使用时注意不要伤到手。

(二) 组装常用辅料

固定翼无人机组装常用辅料有焊锡丝、美纹胶带、蛇皮网、热缩套管、魔术贴、泡沫胶、碳纤维胶带、AB胶,如图3-1-15所示。

固定翼无人机组装常用辅料的功能:

1. 焊锡丝:焊锡丝熔化后将元器件或导线与PCB板相连接,起到连接导通和加固被焊物体的作用。

2. 美纹胶带:机翼加工时用来固定副翼平行,起到固定作用。

3. 蛇皮网:套在延长线上,起到保护延长线和理线美观的作用。

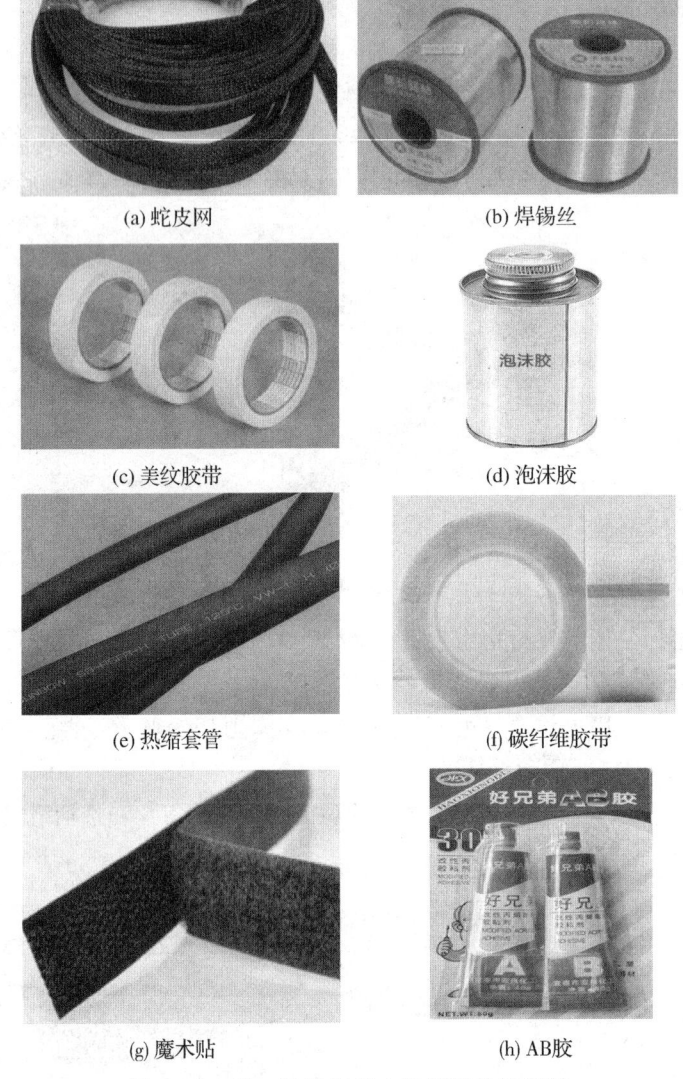

图 3-1-15 固定翼无人机组装常用辅料

4. 热缩套管：套在导线与导线焊接处，起到绝缘和加固作用。

5. 魔术贴：贴在机身、动力电池、数传电台等上面，起固定作用。

6. 泡沫胶：黏合机身时用，起到黏合固定作用。

7. 碳纤维胶带：机身有破裂痕或松动时，可用碳纤维胶带进行加固。

8. AB 胶：机身螺丝锁好后，涂 AB 胶防止螺丝松动。

二、焊接技术

（一）焊接原理

1. 焊接：在焊锡和金属之间形成分子键，焊锡的分子穿入基层金属的分子结构，而形成坚固、完全的金属结构。

2. 焊接的目的：以锡丝为媒介，借助加热而使两种金属接合并达到导电的目的。

3. 焊点：指用焊锡将两个以上的导体熔合在一起的点。

(二) 手工焊接工具

1. 手工焊接工具。手工焊接工具见表 3-1-2。

表 3-1-2 手工焊接工具

工具类别	工具及说明	图片
焊接工具	恒温式电烙铁、焊锡丝	
除锡工具	吸锡枪:吸除焊点焊锡 折焊台:取 SMD 红胶或焊锡	
点检工具	温度感应器:点检烙铁温度 万用表:点检对地电压	
劳动保护	吸烟罩:排除焊接产生的烟雾	
辅助工具	尖嘴钳、镊子、热风枪,以帮助取放零件	

2. 烙铁头。烙铁头的类型及配用焊锡丝的选用原则等见表 3-1-3。

表 3-1-3 烙铁头的类型及配用焊锡丝选用原则等一览表

烙铁头类型	配用焊锡丝	使用说明	最佳温度	选用原则	烙铁头图示
平头	φ1.6	大焊点及线材,如散热片脚,钩焊 INLET、SW 线材	400℃±10℃	为了在最短的时间内能够快速加热连接处而又不伤及板材,因而烙铁头应尽量加大,但原则上仍需比焊垫(PAD)稍小	尖形
双面平头	φ1.6	大焊点且焊点密集位置元件,如周边有 SMD 元件或其他零件脚	400℃±10℃		
尖头	φ1.0	较小零件脚,如 FAN 线、TU 段零件脚补焊	350℃±10℃		马蹄形
尖头	φ0.8	细小焊点,如 SMD 零件补焊、细小零件脚焊接	350℃±10℃		
焊锡丝	φ0.8 低温焊锡丝	熔点较一般焊锡丝低,主要用于 SMD 零件焊接及 SMD 元件修理使用	240℃±10℃		刀形
细小尖头	φ0.5	主要用于 SMD 焊接和补焊	260℃±10℃		

(三) 焊接步骤和焊接技巧

1. 坐姿,身体保持直立,头与焊接物间距离约为 30cm。
2. 右手拿电烙铁,左手拿焊锡丝,握电烙铁的手法与平常握笔的方法相同,双手配合作业。
3. 以左手拿焊锡丝,用拇指、中指、食指配合向前移动焊锡线,加在焊点的位置应准确,焊锡丝前端长度在 30~50mm 较佳,一边焊锡一边送锡。
4. 电烙铁与焊点角度以 45°为宜,每一个焊点的焊接时间以不超过 3s 为最佳,焊接时以移动加锡方式作业。

5. 良好的焊接条件。

① 焊接的时间要短。

② 焊接的温度要适当。

③ 焊接物间互通性好。

④ 符合工厂安全要求。

⑤ 焊接时无异味,烟要少。

⑥ 无断裂、锡尖、虚焊。

6. 手工焊锡的主要缺陷。

① 产生人为焊接误差。

② 焊接品质依靠人工的熟练度。

③ 焊接作业温度及时间不一致。

④ 焊点锡量由人工控制。

⑤ 产生锡桥、锡尖、冷焊等不良现象。

⑥ 高密度电路焊接时易产生不良状况。

⑦ 无法预热温度易造成热冲击。

⑧ 凡表面粘着零件往往焊接困难。

(四) 手工焊接作业步骤

手工单点焊锡时间不得大于3s。

手工焊接作业步骤见表3-1-4,手工焊接作业流程如图3-1-16所示。

表3-1-4 手工焊接作业步骤

作业步骤	作业要点
1. 擦拭烙铁头	清洁烙铁头并做到及时清理
2. 预热	位置和时间:烙铁头靠在零件脚和PAD上,预热时间约1s
3. 加焊锡丝	位置:焊锡丝靠近零件脚处,不可靠在烙铁头上
4. 移开焊锡丝	时间:当熔入适量的焊锡后,将焊锡丝移开,而此时烙铁头继续加热熔锡
5. 移开电烙铁	时间:当电烙铁继续加热约1s后,焊锡已充分熔解即可移开电烙铁

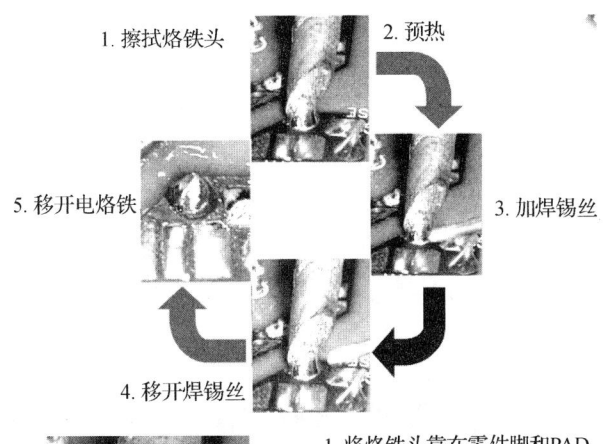

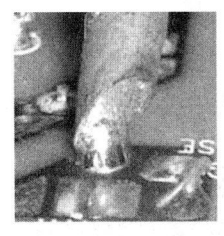
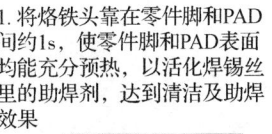

1. 将烙铁头靠在零件脚和PAD间约1s，使零件脚和PAD表面均能充分预热，以活化焊锡丝里的助焊剂，达到清洁及助焊效果

2. 当零件脚和PAD表面充分预热后，焊锡丝靠近零件脚处（但不得直接在烙铁头上），熔入适当的锡

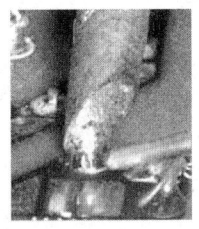

3. 当熔入适量的锡后，将焊锡丝移开，而此时烙铁头继续加热，焊锡丝移开的时间须掌握得恰到好处。过早会造成锡不足，过晚则造成锡过多

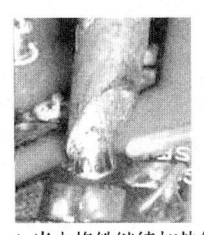
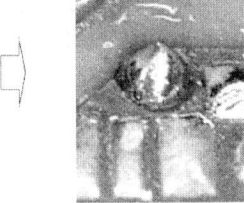

4. 当电烙铁继续加热约1s后，见锡已充分熔解，此时才可将电烙铁移开。电烙铁过早移开，会造成冷焊或假焊；过晚移开，则锡会渗透到背面而造成短路或焊点不良

图3-1-16 手工焊接作业流程

（五）手工焊接技巧

1. 锡尖处理方式。在加热、加锡的同时切记不可向上取走电烙铁，否则易产生锡尖。

2. 连锡处理方式。在加热的同时以牙签划开连锡，或用加锡的烙铁头划开连锡。

3. 焊点针孔处理方式。焊点加热再重熔焊点，若针孔内有残留物需用镊子去除，再加锡熔化。

（六）除锡作业步骤

除锡作业步骤如下：

（1）压下吸锡器。

（2）将电烙铁靠近焊点加热。

(3) 持续加热使焊点熔化。

(4) 将吸锡器靠近焊点,但不要和电烙铁接触。

(5) 将电烙铁迅速移开,同时吸锡器移至焊点,吸锡口紧贴 PCB 板面,左手按下吸锡器,使锡完全被吸进吸锡器中。

三、接线步骤

图 3-1-17 所示为一套具备完全功能的自动驾驶仪实物图,包括主飞行控制器以及与之相连的若干设备。

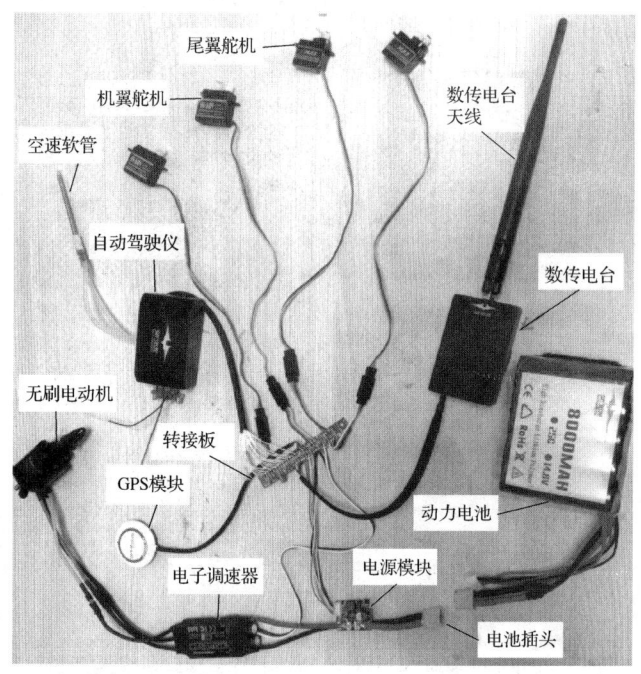

图 3-1-17 自动驾驶仪实物图

(一)焊接自动驾驶仪

自动驾驶仪主板输出端分为焊接式和插座式两种,前者需要焊接,后者可直接使用。以下介绍的是焊接式自动驾驶仪主板。

自动驾驶仪是整架飞机的控制核心,任何一条线焊错、焊反,焊点假焊、虚焊、短路等不良现象均会影响飞机的正常工作。

1. 焊接收机 3P(拼)排针。安行 HF18 系列接收机设计在自动驾驶仪中,由 3P8 排针组成,先将排针 90°垂直插入 PCBA 板对应孔中,再加锡焊牢,如图 3-1-18~图 3-1-20 所示。

图 3-1-18 3P 排针示意图

图 3-1-19 3P 排针 90°垂直插入 PCBA 板

图 3-1-20 焊接 3P 排针

2. 焊 21P(拼)矩形母连接器。按照每根线的设计定位焊接到自动驾驶 PCBA 板上的焊盘孔中,加锡焊牢。为了防止线头松动,焊接完后在焊点线头上涂一层热熔胶加固,如图 3-1-21~图 3-1-24 所示。

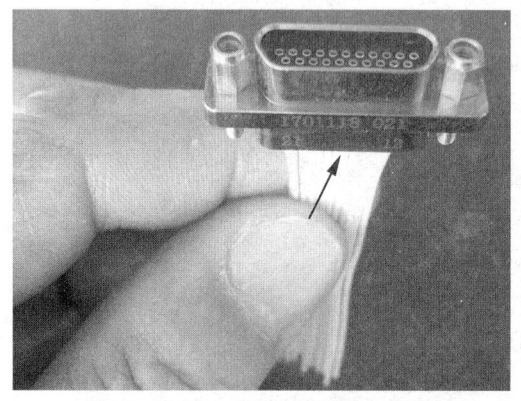

图 3-1-21 21P 矩形母连接器

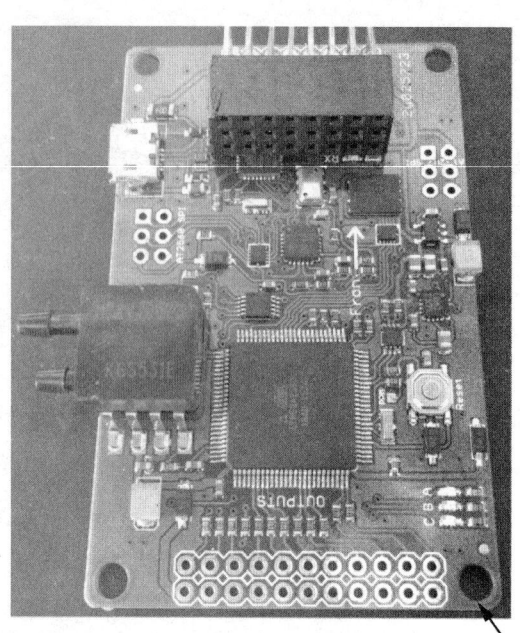

图 3-1-22 21P 矩形母连接器焊接焊盘

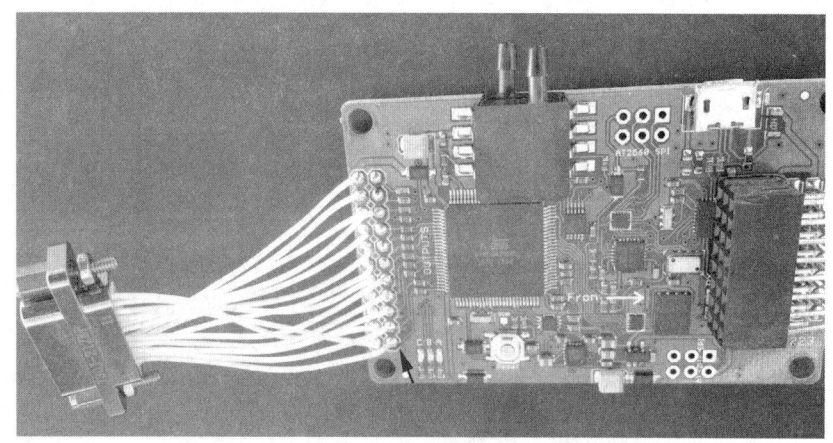

图 3-1-23 焊接 21P 矩形母连接器线路图

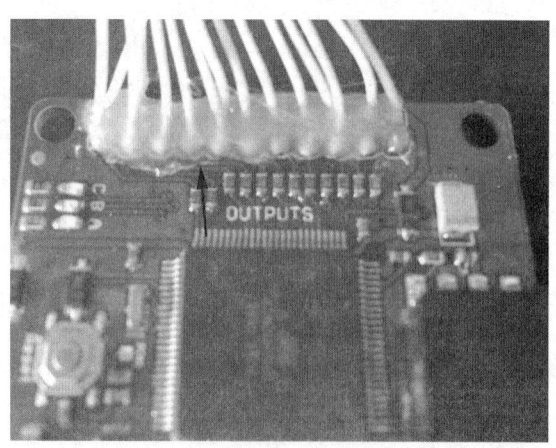

图 3-1-24 焊接完涂热熔胶

3. 焊 21P(拼)矩形公连接器。安行 HF18 系列无人机设计了一块转接板,将所有需要相互连接的点规范有序地进行排列焊接,矩形公连接器有 1~15 根线,用剥线钳剥出线头并加锡,从 1 号线开始按序排列焊接,如图 3-1-25、图 3-1-26 所示。

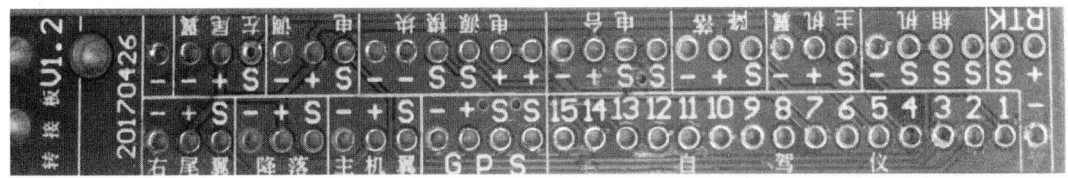

图 3-1-25 转接板

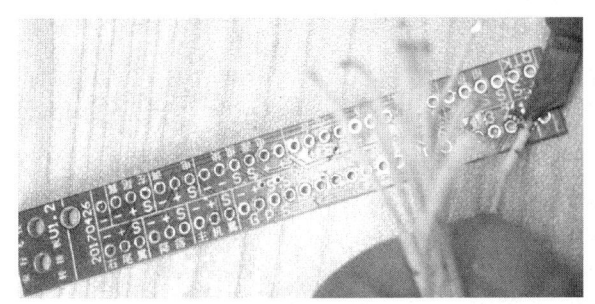
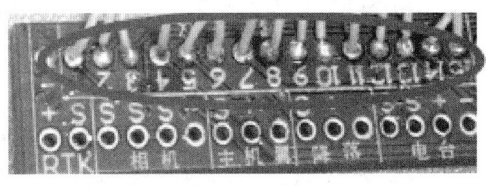

图 3-1-26 焊 21P 矩形公连接器

(二) 焊接 GPS 模块

用剥线钳将 4 根线的线头剥好并加焊,分别焊在转接板的 GPS 对应焊盘中,若红黑线焊反,则 GPS 不能工作,还会烧坏 GPS 模块中的元器件;若黄绿信号线焊反,则 GPS 模块不能定位搜索,如图 3-1-27 所示。

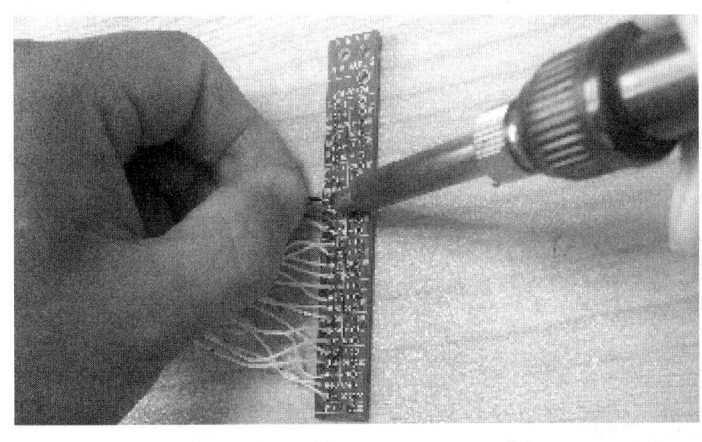

黑色:负极　　　绿色:TX　　　黄色:RX　　　红色:正极

图 3-1-27 焊 GPS 模块

(三) 焊接电源模块

电源模块由动力电池直接供电,而电源模块一端输出直流 21V 电压给电子调速器供电,另一端输出直流 5V 电压给 GPS 模块和自动驾驶仪供电,不同厂家的设计不同,输入和输出

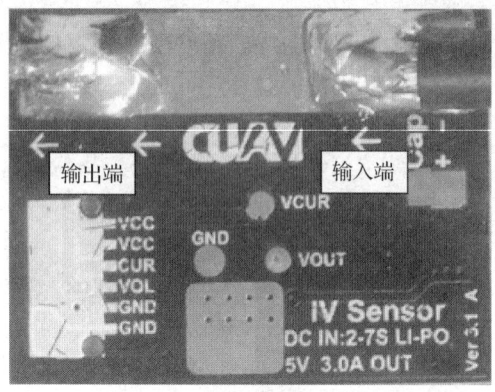

图 3-1-28 电源模块箭头标示

供应有所不同。

电源模块反面有"←"箭头标示,它标示供电电流的流向,如图 3-1-28 所示。

电源模块焊接步骤:

第一步:用剥线钳将两根电源线的线头剥好并加焊,在电源模块输入端焊上 XT6 电源专用插头。注意:不同厂家根据设计来选择不同型号的插头。红色线焊在"+"标示的铜箔上,黑色线焊在"-"标示的铜箔上,红黑线焊反将会烧坏动力电池,如图 3-1-29 所示。

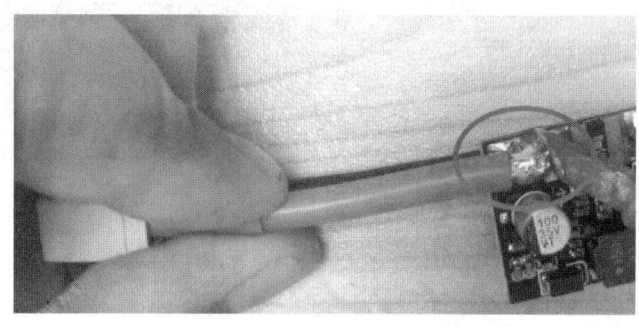

图 3-1-29 焊电源正负极导线

第二步:用剥线钳将电子调速器电源供电线的线头剥好并加焊,分别焊在电源模块的输出端,"+"焊红色线,"-"焊黑色线,红黑线焊反将会烧坏其他元器件,如图 3-1-30 所示。

第三步:将电源模块输出 5V 电压和电压检测信号线插头插上,为了避免插头松动,可在插头上涂一层热熔胶加固,如图 3-1-31 所示。

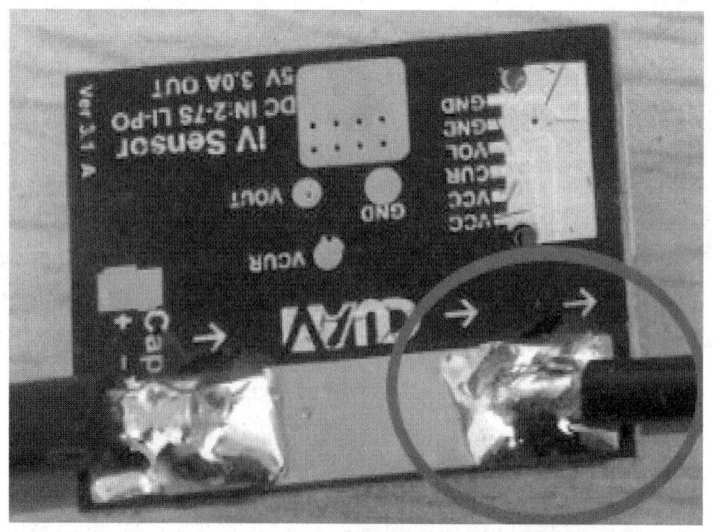

图 3-1-30 焊电子调速器供电正负极导线

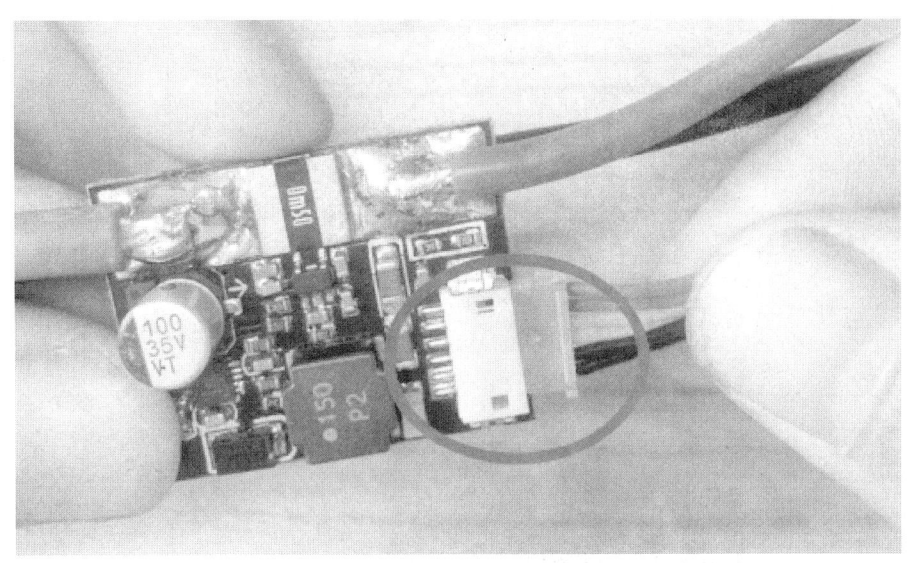

图 3-1-31 插电源模块电源输出插头

第四步:将电源模块输出 5V 电压正负极线及电压自动检测信号线分别焊在转接板指定的焊盘上。若电源红黑线焊反,将烧坏其他元器件;若电压自动检测信号线焊反,将检测不到动力电池的动态电压,如图 3-1-32 所示,上排从左到右依次为黑色(负极)、黑色、黄色(CUR)、白色(VOL)、红色(正极)、红色、黑色、红色、白色、棕色;下排从左到右依次为黑色、红色、白色、黑色、红色、绿色、黄色、白色。

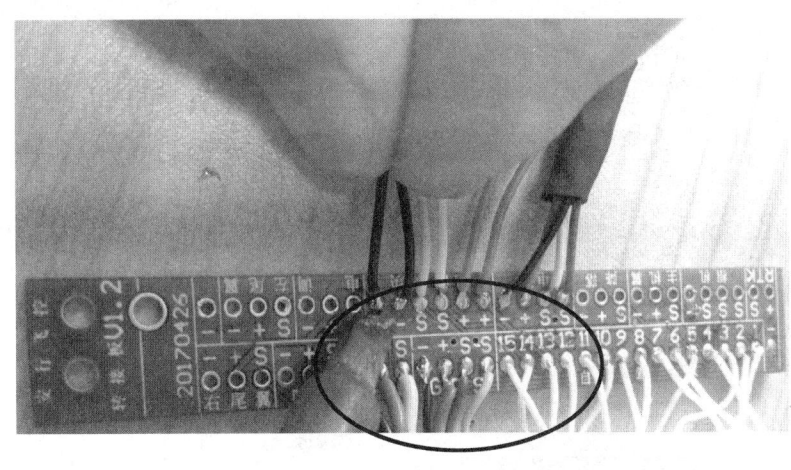

黑色:负极
白色:VOL
黄色:CUR
红色:正极

图 3-1-32 焊电源模块导线

(四) 焊接尾翼舵机

尾翼控制线由供电电源线和信号线组成,由电子调速器提供 5V 直流电压。若三条线中的一条线焊错,机翼将无法工作;若电源线焊反,将会烧坏尾翼,请务必按照转接板接线要求焊接,如图 3-1-33 所示。

图 3-1-33 焊接尾翼舵机导线

黑色：负极
红色：正极
白色：信号线

（五）焊接机翼舵机

机翼控制线由供电电源线和信号线组成，由电子调速器提供 5V 直流电压，三条线中的一条线焊错，机翼将无法工作；电源线焊反，将会烧坏机翼舵机，按照转接板接线要求焊接（白色：信号线，红色：电源正极线，黑色：电源负极线），如图 3-1-34 所示。

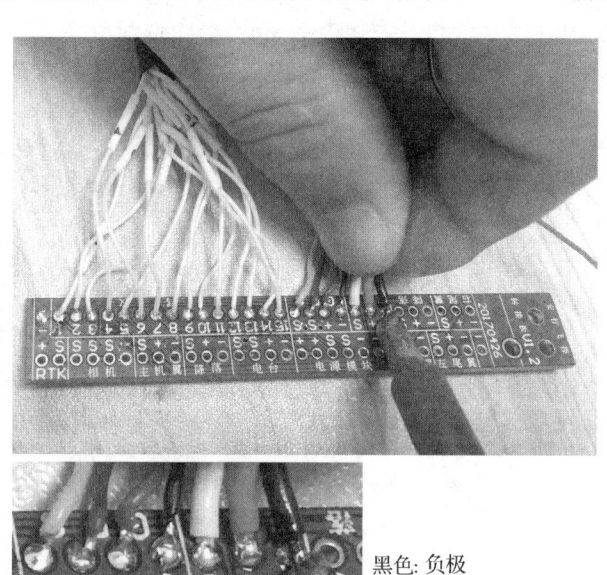

黑色：负极
红色：正极
白色：信号线

图 3-1-34 焊接机翼控制线

（六）焊接电子调速器

电子调速器的输入电源已连接到电源模块，输出两组不同电压，一组交流电压供电动机电源,另一组直流5V电压供所有舵机和数传电台电源。当然,不同厂家设计的供电线路不一样,故接法也就不一样,如图3-1-35所示。

黑色:负极
红色:正极
白色:信号线

图3-1-35 焊接电子调速器控制线

电子调速器输出三相交流电供电动机,其连接方法有两种:第一种,直接连接或通过电线焊接;第二种,焊接"子弹接头",常称为"香蕉头",即插在电动机香蕉头中,如图3-1-36所示。

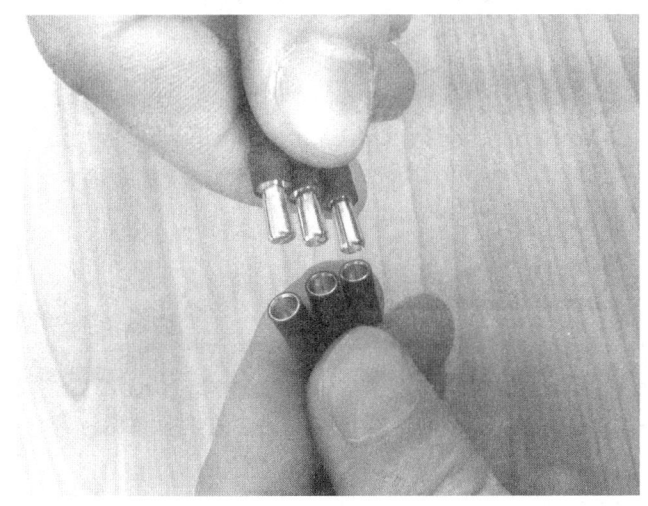

图3-1-36 插在电动机香蕉头中

具体操作步骤:

第一步:剥电线头的绝缘层。根据使用的电动机电流大小选用合适的电线,电线常用规格有8A、10A、12A、14A、16A、18A,用剥线钳剥除电线头的绝缘层3~5mm,如图3-1-37所示。

第二步:焊香蕉头。在剥去绝缘层的线头四周均匀加锡,用钳子将香蕉头夹住(在焊接时香蕉头常发烫,手无法抓住),往香蕉头孔中加半孔高锡,此时的烙铁头始终不能离开香蕉头,再把加锡的线头"垂直"插入香蕉头孔中,2~3s待锡完全熔合在一起时先挪开烙铁头,再待3~5s后锡即可完全凝固,如图3-1-38所示。

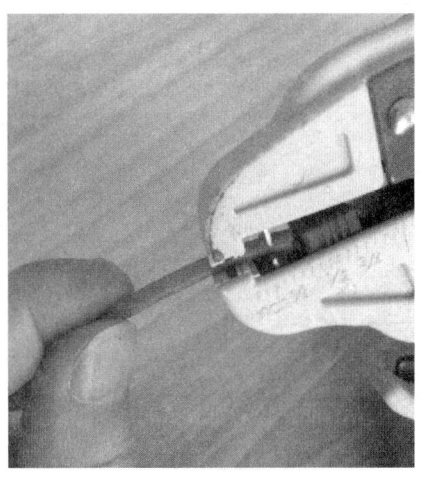

图3-1-37 剥电线头的绝缘层

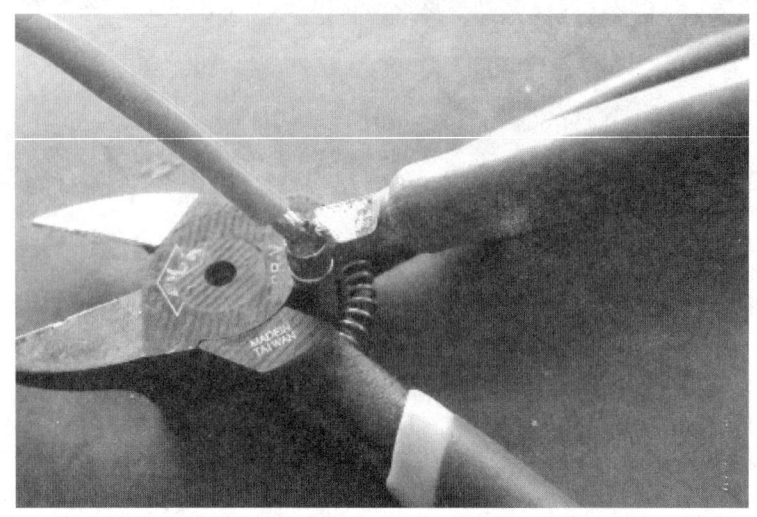

图 3-1-38 焊香蕉头

第三步：套热缩套管。给焊好的香蕉头上套上热缩套管，其长度是香蕉头的 2 倍，将香蕉头完全包住。但不能超出香蕉头边缘，目的是防止焊接头和香蕉头与其他线路相碰发生线路短路现象。套好后用打火机或热风枪（温度在 100℃）在热缩套管上加热，使热缩套管遇热收缩，紧紧包住香蕉头和焊点，起到绝缘和加固焊点作用，如图 3-1-39 所示。

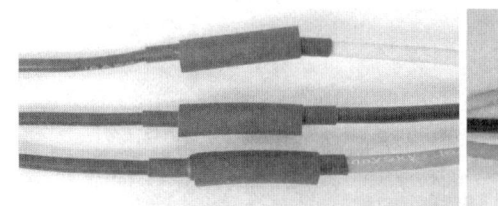 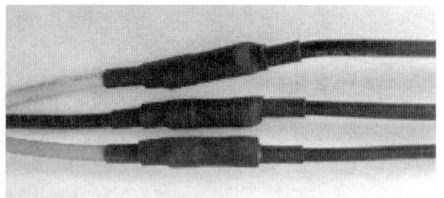

图 3-1-39 套热缩套管

电子调速器另一组输出 5V 电压，通过焊接到转接板，分别连接所有的舵机和数传电台，信号线通过转接板连接到自动驾驶仪主板中，如图 3-1-40 所示。

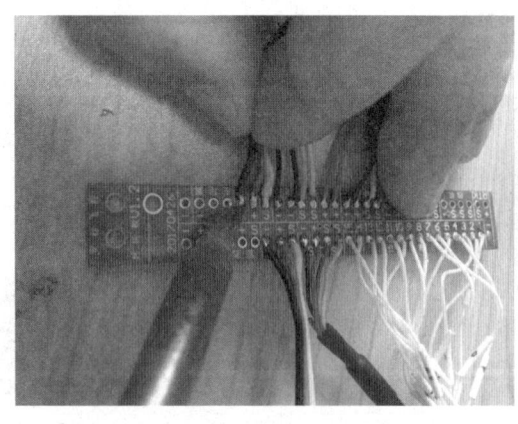 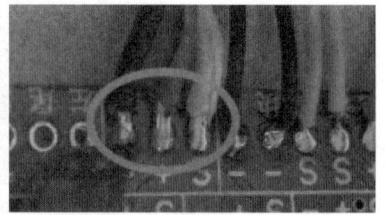

黑色：负极
红色：正极
白色：信号线

图 3-1-40 焊接电子调速器控制线

(七) 焊接数传电台线

数传电台有 4 根导线,只要焊反一根导线,数传电台都无法正常工作,必须按照设计接线要求焊接,如图 3-1-41 所示。

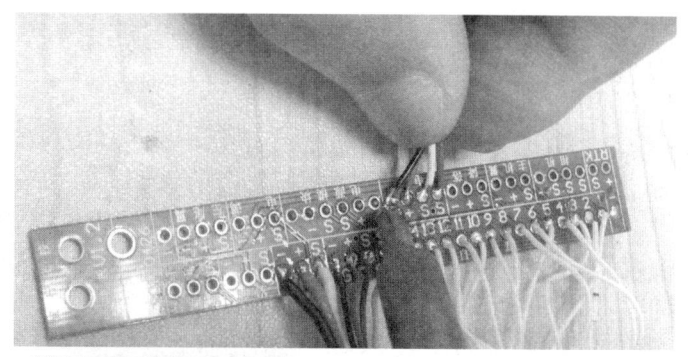

黑色:负极
红色:正极
绿色:TX
蓝色:RX

图 3-1-41 焊接数传电台线

四、组装步骤

制作遥控无人机的第一步,与制作其他遥控航模是一样的。在无人机机身制作完成后,我们将自动驾驶仪和其他系统安装到无人机上即可。下面以安行无人机 HF18 系列为例进行组装。

(一) 制作机翼

第一步:安装舵脚。舵脚安装方式有黏胶型、卡扣型和锁螺丝型三种。黏胶型舵脚在安装时需要使用泡沫友好型的胶水,其他胶水会对泡沫件造成严重的腐蚀;卡扣型舵脚安装后需要在卡扣上涂一层热熔胶,预防舵机在拉杆时卡扣脱落;锁螺丝型舵脚安装完毕后需要在螺母上涂一层螺丝胶,预防舵机在拉杆时螺母脱落。安行无人机 HF18 选用锁螺丝型舵脚,牢固不易脱落,如图 3-1-42 所示。

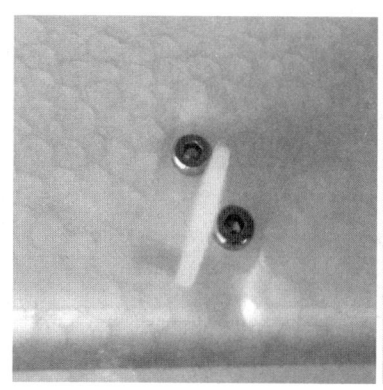 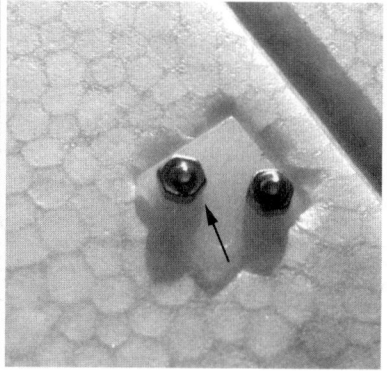

图 3-1-42 锁螺丝型舵脚(涂螺丝胶)

第二步:安装机翼支撑碳管。因泡沫并非最结实的材料,为加大机翼强度,大部分泡沫机翼中会使用碳管。需要时可将支撑碳管套上卡扣,用泡沫胶水粘到机翼中,如图3-1-43所示。

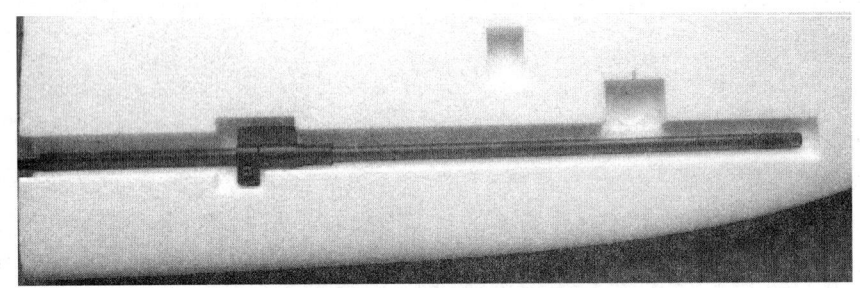

图3-1-43 安装机翼支撑碳管

第三步:安装机翼压条。在安装机翼压条前,先在机翼支撑碳管的相应位置涂上泡沫胶水(图3-1-44),再在压条上涂泡沫胶水(图3-1-45)。等到泡沫胶水晒干5min后,将压条垂直卡入内槽中,如图3-1-46所示。

图3-1-44 在机翼支撑碳管上涂泡沫胶水

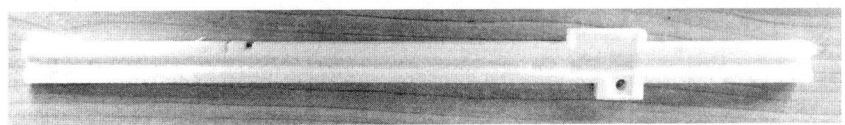

图3-1-45 在压条上涂泡沫胶水

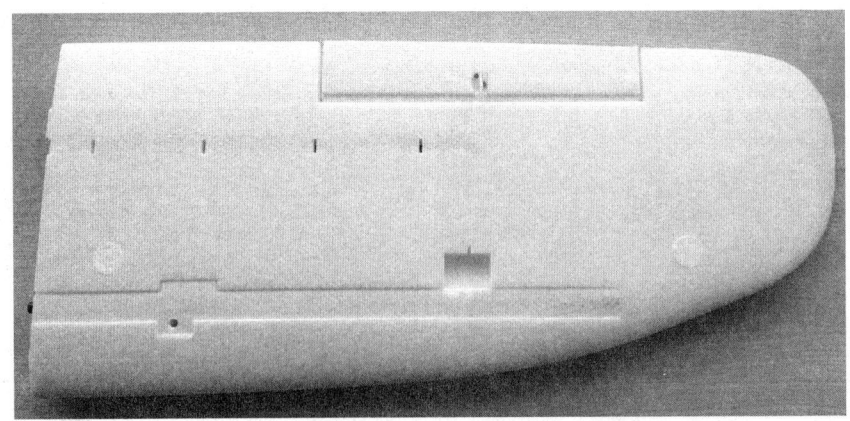

图3-1-46 卡压条

第四步：安装舵机。大部分无人机机体都会在泡沫上专门预留出舵机安装槽。在安装时只需将舵机直接粘到相应的位置上即可，但要确保舵机摇臂与先前安装到位的舵脚对齐。另外，在将舵机粘到舵机槽之前，要对各个舵机进行通电（5V）归零，使它们回到中心位置。最简便的方法是使用舵机测试器，如果没有此测试器，也可以直接将舵机连接到遥控接收机上，连好电子调速器并通电，如图 3-1-47 所示。

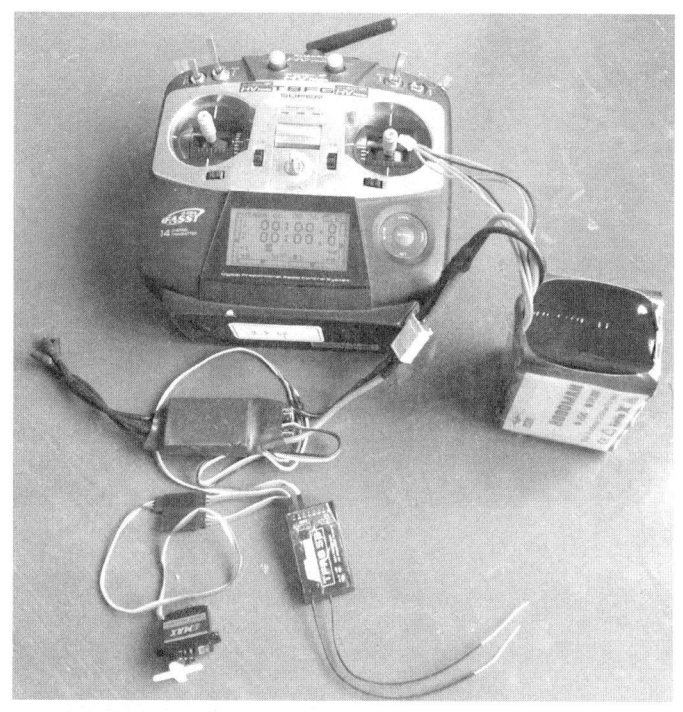

图 3-1-47　实施舵机归零

舵机归零后选择其中舵杆与舵机最垂直的一个，其他三个用剪钳剪掉，如图 3-1-48 所示。

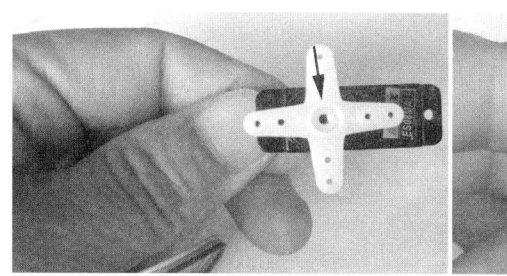 

(a) 选择舵杆　　　　　　　　(b) 剪掉剩余三个舵杆

图 3-1-48　选择舵杆

第五步：安装连杆。连杆用钢丝材料制作而成，具有不易拉断、不易变形的特性，它将舵机和机翼控制舵面连接起来。这样可让舵机驱动机翼控制舵面上下偏转，实现对无人机的控制。这个连接的牢固程度非常重要，它对于无人机在空中的可操纵性是非常关键的。使用钢丝钳，将钢丝与舵机连接的那头弯成环形，或者用 Z 字钳弯成"Z"字形（图 3-1-49），这样就不会出现松胶现象。

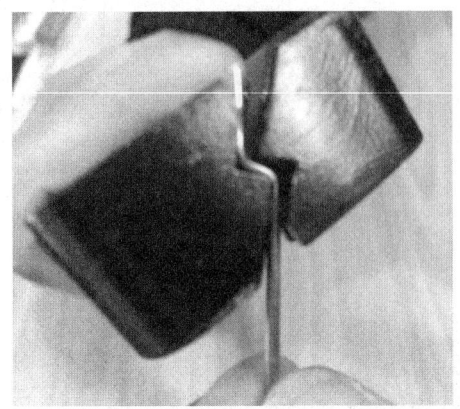

图3-1-49　加工"Z"字形连杆

加工完的连杆长度精确,将舵脚与舵杆连接起来,"Z"字形在同一面上,如图3-1-50所示。

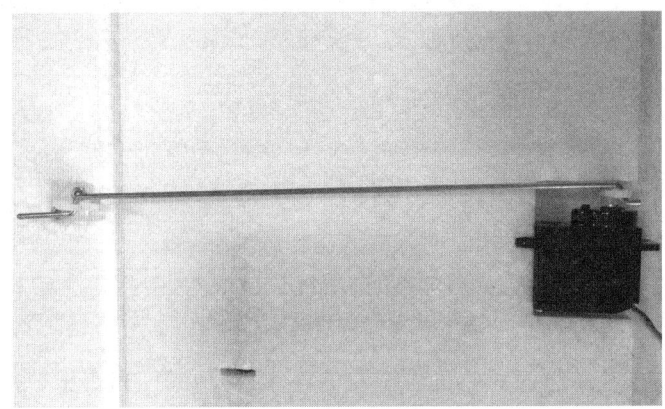

图3-1-50　用连杆连接舵脚与舵杆

连接完舵机和机翼控制舵面后,在舵机与泡沫接触面上涂一层泡沫胶水,如图3-1-51所示。等泡沫胶水干后过5min固定在机翼舵机槽中,如图3-1-52所示。

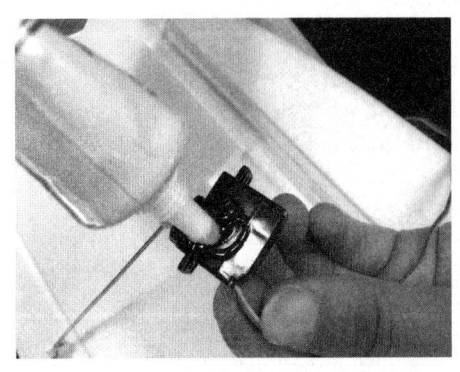 

图3-1-51　涂泡沫胶水　　　　　　　图3-1-52　固定在机翼舵机槽中

第六步：理线。舵机线的长度一般在30cm，若长度达不到机翼本身的长度，则需要加一条延长线，将延长线的母插头与舵机的公插头连接起来，如图3－1－53所示。

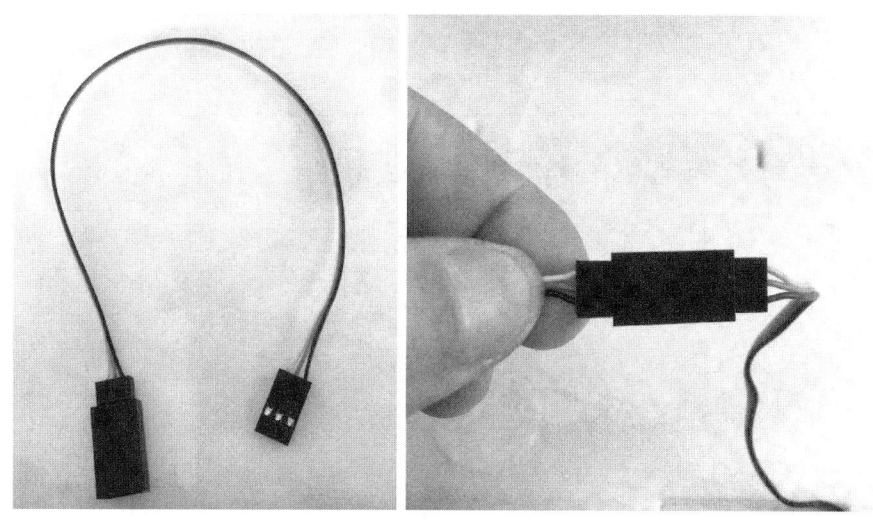

图3－1－53　连接延长线

延长线插好后，线沿着线槽卡住，避免脱落，还应粘上一层碳纤维胶带进行加固，如图3－1－54所示。

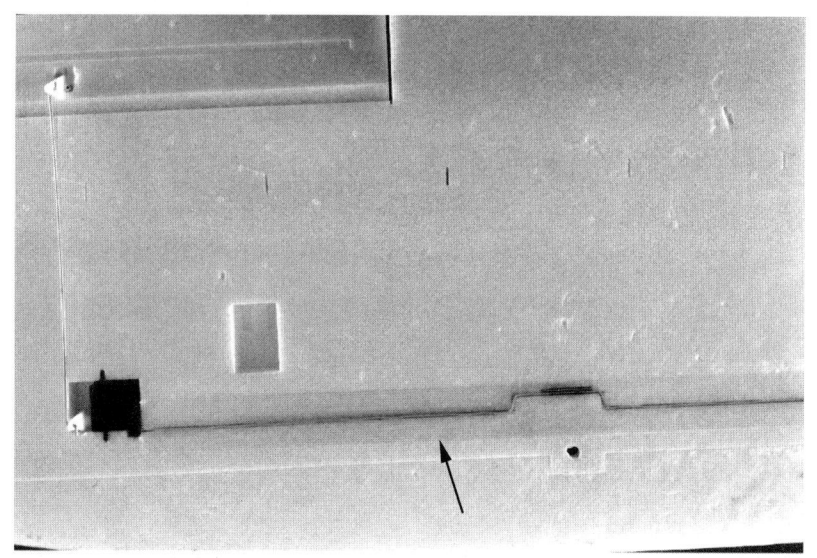

图3－1－54　理线

（二）制作尾翼

尾翼的制作比机翼简单，有很多地方是相同的。

第一步：安装舵脚。与机翼安装舵脚步骤相同。

第二步：安装尾翼支撑碳管。比安装机翼支撑碳管简单，只需要在尾翼支撑碳管槽和支撑碳管上涂一层泡沫胶水，晒干后过5min将支撑碳管卡入内槽中即可，如图3－1－55、图3－1－56所示。

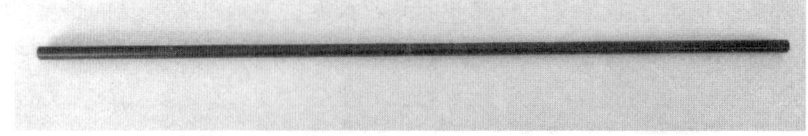

图3-1-55 在支撑碳管和支撑碳管槽涂一层泡沫胶水

图3-1-56 安装尾翼支撑碳管

第三步:安装舵机。与机翼安装舵机步骤相同。

第四步:安装连杆。与机翼安装连杆步骤相同。

第五步:理线。比机翼理线简单多了,因舵机线有足够的长度,不需要加延长线,所以只需要把线卡到线槽中,再贴上碳纤维胶带即可,如图3-1-57所示。

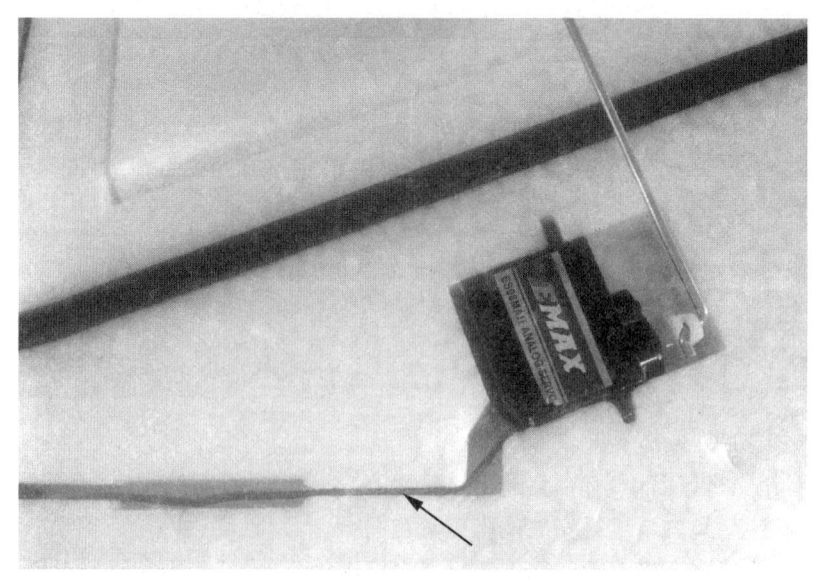

图3-1-57 理线

第六步:安装可拆卸尾翼铝板。一般的固定翼无人机的尾翼是粘在机身上的,安装简单,但包装箱要求体积大,若尾翼损坏难以维修或更换。安行无人机 HF18 系列尾翼采用可拆卸工艺,可大大缩小包装箱体积,尾翼损坏可单独进行维修或更换,但增加了成本。在可拆卸尾翼铝板上均匀涂一层泡沫胶水,晒干后过 5min 与尾翼泡沫对准粘牢。图 3-1-58 所示为连体尾翼与可拆卸尾翼对比。

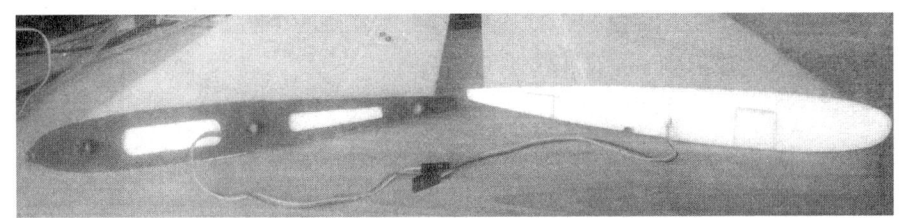

图 3-1-58　可拆卸尾翼(左)与直黏机身尾翼[连体尾翼(右)]对比

(三) 安装机身尾翼可拆卸铝板

直黏式尾翼不需要加可拆卸铝板,涂上胶直接与机身相黏即可;安行无人机 HF18 系列采用的是可拆卸尾翼工艺,需要在机身的尾翼槽中粘上一块可拆卸尾翼铝板,如图 3-1-59 所示。

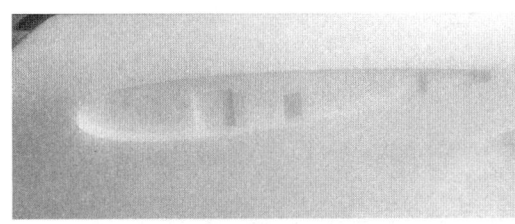

(a) 直黏式尾翼　　　　　　　　　(b) 可拆卸尾翼

图 3-1-59　安装机身尾翼可拆卸铝板

(四) 安装空速管

先选择长度适合的空速软管两根,如图 3-1-60 所示。

图 3-1-60　空速软管

再将两根空速软管分别套在空速管两个管子上,空速软管需要套到顶部,以免漏气,如

图3-1-61所示。

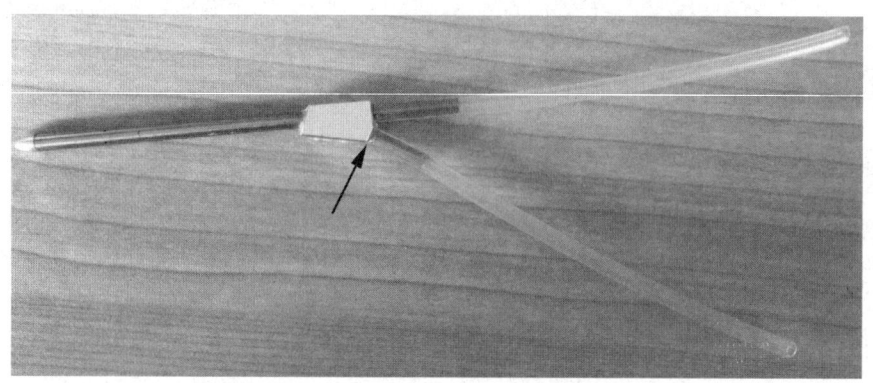

图3-1-61 套空速软管

接下来在机身空速管定好的位置上挖出一个空速管形状槽,如图3-1-62所示。

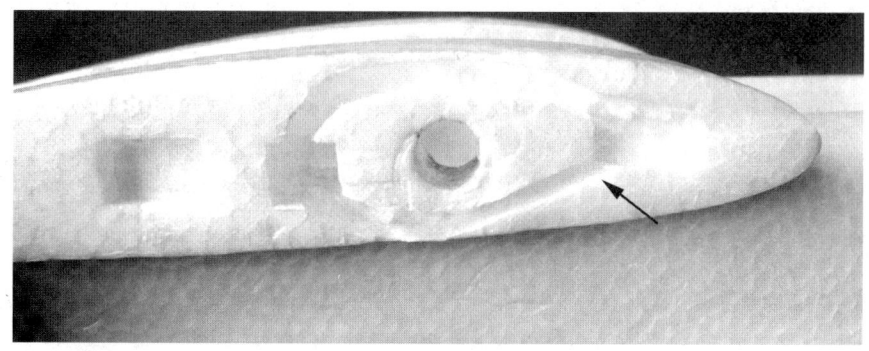

图3-1-62 空速管形状槽

在空速管槽中和空速管一侧涂上一层泡沫胶水,等胶水晒干后过5min将空速管卡入内槽中,空速管面要与机身泡沫持平,如图3-1-63所示。

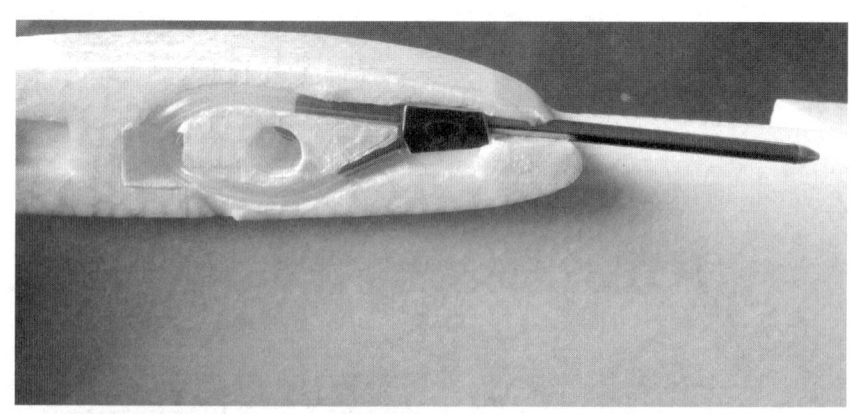

图3-1-63 固定空速管

(五)加固机身

机身用EPO泡沫制作而成,强度往往不够,加固的办法是在机身上粘碳管和碳板来增加强度。可以分别涂上一层泡沫胶水将机身碳管和碳板固定好,如图 3-1-64、图 3-1-65 所示。

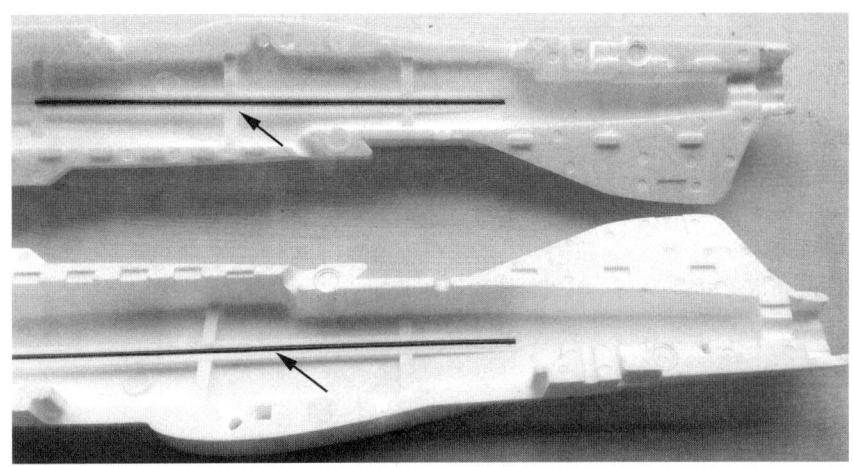

图 3-1-64　加固机身碳管

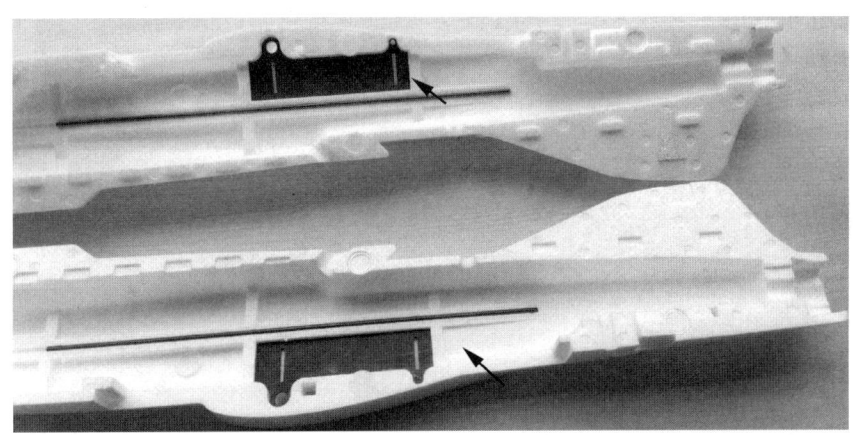

图 3-1-65　加固机身碳板

(六) 组装无刷电动机

第一步:安装无刷电动机转轴。对准转轴螺丝孔位置,用六角螺丝刀将螺丝锁紧,为避免无刷电动机在高速转动时转轴松动,可以在螺丝上涂一层螺丝胶加固,如图 3-1-66 所示。

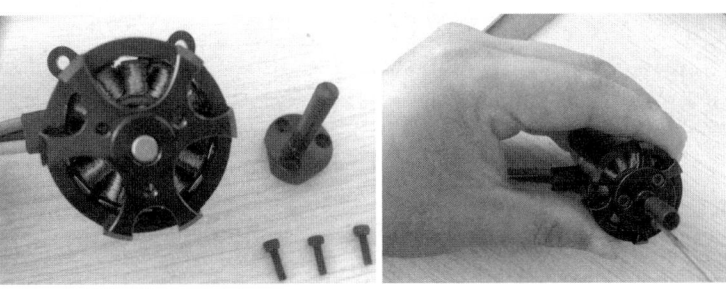

图 3-1-66　安装无刷电动机转轴

第二步：安装无刷电动机底座。对准底座螺丝孔位置，用十字螺丝刀将螺丝锁紧，为避免无刷电动机在高速转动时底座松动，可以在螺丝上涂一层螺丝胶加固，如图3-1-67所示。

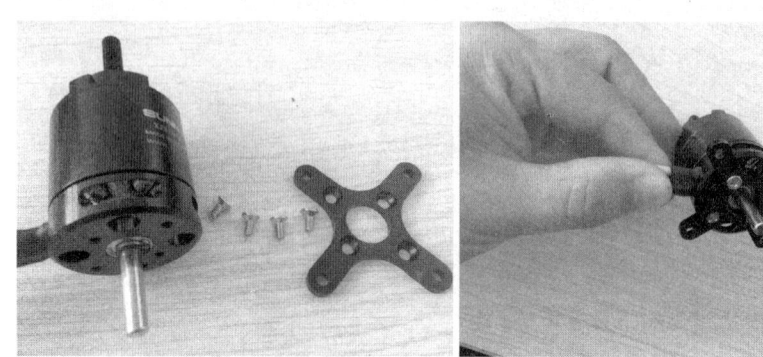

图3-1-67　安装无刷电动机底座

第三步：安装无刷电动机底板。一般无人机由泡沫和木板制作，对大功率转动电动机来说支撑力度往往不够，需要另外加一块底板做衬托，该底板材质为木质和铝合金。安装时对准底板螺丝孔位置用十字螺丝刀将螺丝锁紧，为避免无刷电动机在高速转动时底板松动，可以在螺丝上涂一层螺丝胶加固，如图3-1-68所示。

图3-1-68　安装无刷电动机底板

第四步：插无刷电动机电源插头。无刷电动机驱动电源是由电子调速器提供的，将输出的三相交流电插入无刷电动机的三个电源插头上，如图3-1-69所示。

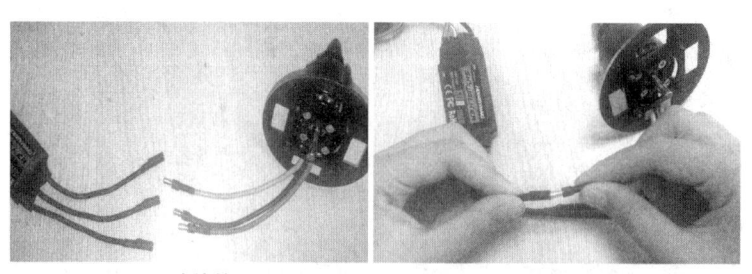

(a) 连接前　　　　　　　　　　　(b) 连接后

图3-1-69　插无刷电动机电源插头

（七）组装自动驾驶仪

第一步：安装接收机。将接收机平行插入90°母座中，针孔对齐并插到位，如图3-1-70

所示。

(a) 安装前　　　　　　　　(b) 安装后

图 3-1-70　安装接收机

第二步：安装自动驾驶仪外壳。将装好接收机的 PCBA 板卡入底部外壳中（图 3-1-71），再合上面板外壳，锁上螺丝，如图 3-1-72 所示。

图 3-1-71　PCBA 板卡入底部外壳

图 3-1-72　合上面板外壳，锁上螺丝

（八）组装数传电台

第一步：连接主副板。将主板插针垂直对齐插入副板母座中，如图 3-1-73 所示。

第二步：装数传电台外壳。将连接好的主副板装入数传外壳的底壳中，合上上盖，锁上

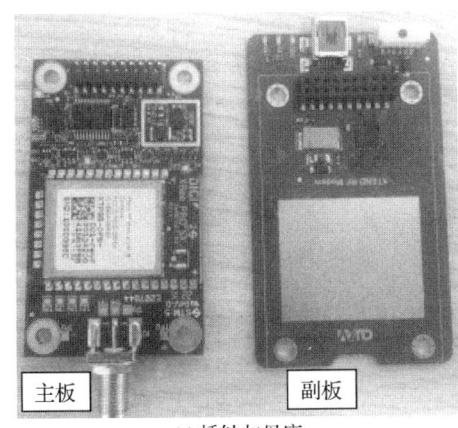

(a) 插针与母座

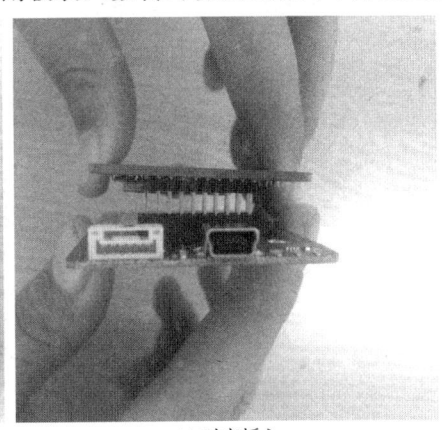

(b) 对齐插入

图 3-1-73　连接主副板

螺丝,如图3-1-74所示。

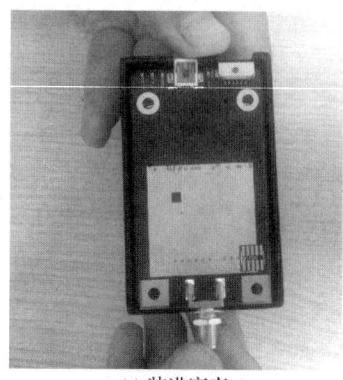

(a) 装进底壳　　　　　　　(b) 合上上盖

图3-1-74　装数传电台外壳

(九) 调试线路

焊好的线路在测试好功能后才能进行合模,否则,合模完成后再发现线路有问题,就很难更改。需要测试的项目如下:

(1) 自动驾驶仪与遥控器对频是否正常。

(2) 数传电台信号连接是否稳定。

(3) GPS是否已连接,收星颗数是否在10颗以上。

(4) 机翼舵机是否转动正常。

(5) 尾翼舵机是否转动正常。

(6) 无刷电动机转动方向是否正常,如果方向相反,需要将其中的任意两条线对调焊接好。

(7) 照相机连接后能否自动拍照。

(十) 合模

第一步:固定无刷电动机。分别在无刷电动机底板上和机身尾部(卡无刷电动机)位置涂一层泡沫胶水,如图3-1-75所示。

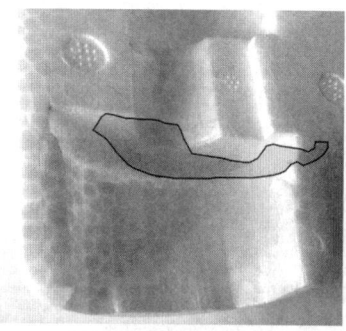

(a) 机身尾部电动机位置　　　　(b) 电动机底板涂泡沫胶水

图3-1-75　固定无刷电动机

再将无刷电动机在机身上先固定一半,这样方便接下来合模,如图3-1-76所示。

第三章 无人机组装及维修

图 3-1-76 将无刷电动机在机身上固定一半

第二步：理线。在合模之前需要将全部导线理好，如电子调速器、电源模块、转接板、GPS 模块、机翼和尾翼插头、照相机和数传电台插头的位置相对应摆好理顺，否则会影响外观，如图 3-1-77 所示。

图 3-1-77 理线

第三步：机身黏合处涂泡沫胶水。在左右机身黏合处均匀涂上一层泡沫胶水（不黏合处不需要涂泡沫胶水），如图 3-1-78 所示。

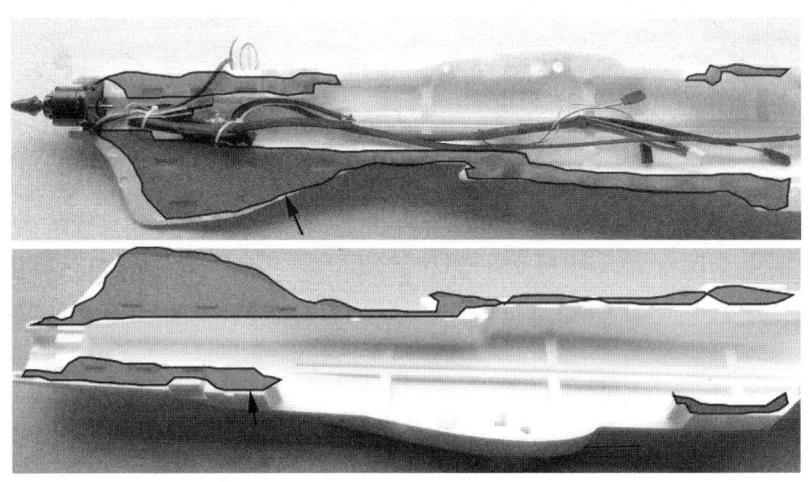

图 3-1-78 左右机身涂泡沫胶水

第四步:合模。机身泡沫胶水晒干后过 5min 进行合模,从尾部合到头部,边缘不能有任何错位,如有错位会影响飞机在飞行时的稳定性,如图 3-1-79 所示。

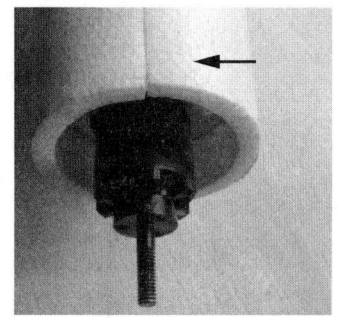 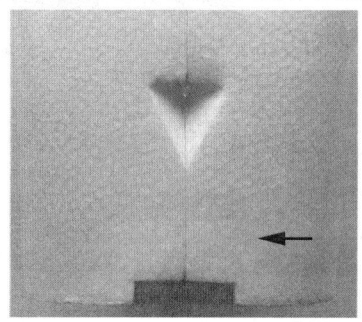

图 3-1-79 合模

第五步:加工头罩。有的无人机是头部与机身相连的,如图 3-1-80 所示的连体无人机。

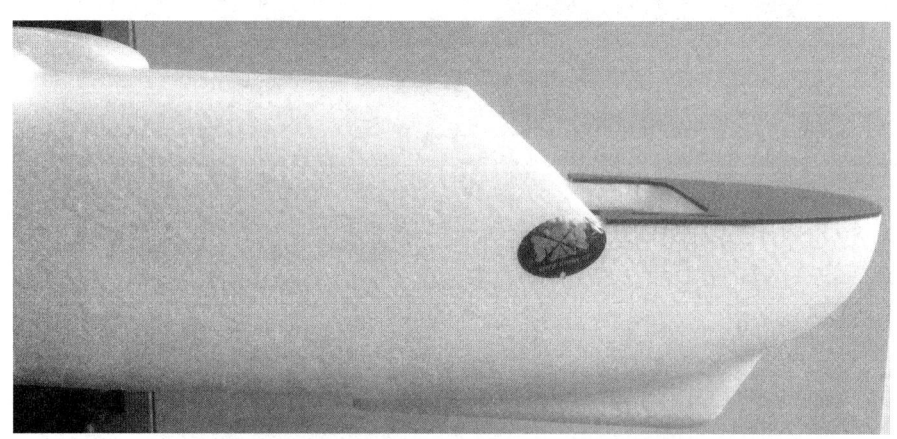

图 3-1-80 连体无人机

有的无人机头部与机身是分开的,但头部是一个整体,不需要加工,直接卡入或粘在机身头部位置即可,如图 3-1-81 所示。

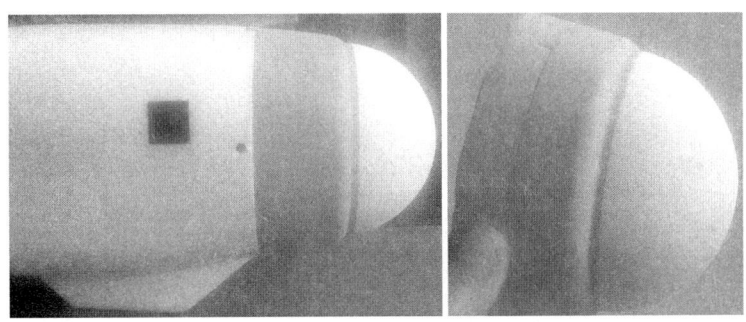

图 3-1-81 整体头罩

而安行无人机 HF18 系列头罩由透明 PV 罩、EPO 半环、碳管三部分零件组合而成,如图 3-1-82 所示。

图 3-1-82 头罩组成零件(透明 PV 罩、EPO 半环、碳管)

先在 EPO 两半环边缘上涂一层泡沫胶水,等晒干后过 5min,将两个半环与透明 PV 罩粘起来,如图 3-1-83 所示。

图 3-1-83 将两半环与透明 PV 罩粘连

再将两根碳管涂上一层泡沫胶水分别粘在两个 EPO 半环的碳管槽中,整个头罩就加工完成了,如图 3-1-84 所示。

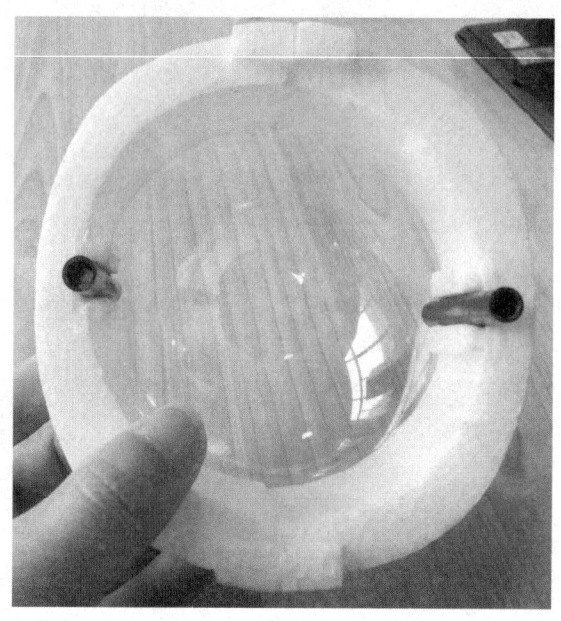

图 3-1-84　粘上两根碳管

第六步:安装头罩。将头罩左右凸出的碳管卡入机身头部卡扣中,拧紧卡扣螺丝,头罩安装就完成了,如图 3-1-85 所示。

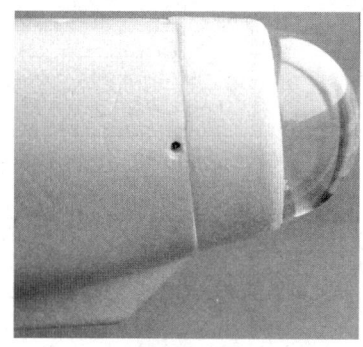 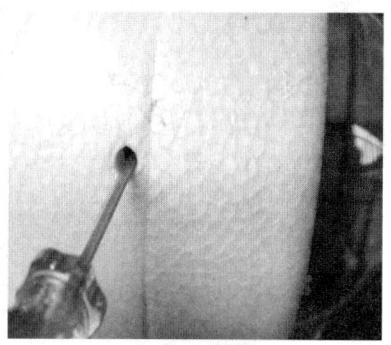

(a) 碳管装入头罩　　　　　　(b) 拧紧卡扣螺丝

图 3-1-85　安装头罩

第七步:安装相机。无人机应用于航拍、测绘、巡线等不同领域,所以它们机载相机的方式会有所不同,有的将相机直接卡入机身上,有的用可拆卸支架锁上,也有的用可拆卸支架挂云台等其他方法安装。下面就介绍安行无人机 HF18 系列安装相机的方法。

(1) 先将相机卡入 EVA 相机支架中(EVA 相机支架有保护相机作用),如图 3-1-86 所示。

(a) 正面视图

(b) 底面视图

图 3-1-86 装相机于相机支架中

(2) 在机身底部开一个相机支架定位孔,如图 3-1-87 所示。

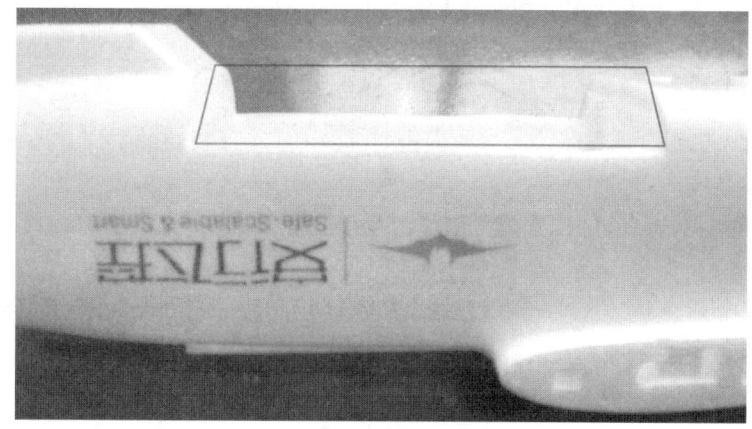

图 3-1-87 开相机支架定位孔

(3) 在相机支架和相机支架定位孔相结合处均匀地涂上一层泡沫胶水,待泡沫胶水晒干后过 5min 将相机支架嵌入相机支架定位孔中,如图 3-1-88 所示。

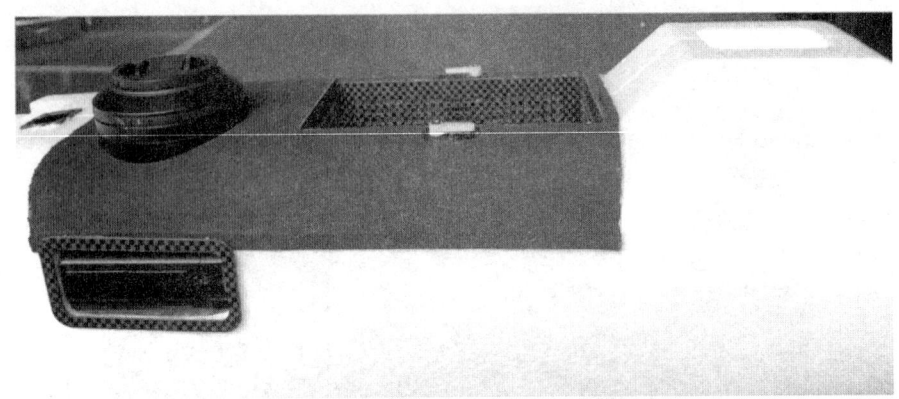

图 3-1-88　将相机嵌入支架定位孔中

第八步：固定 GPS 模块。合模完成后，需要固定一些零部件，用魔术贴固定 GPS 模块位置，如图 3-1-89 所示。

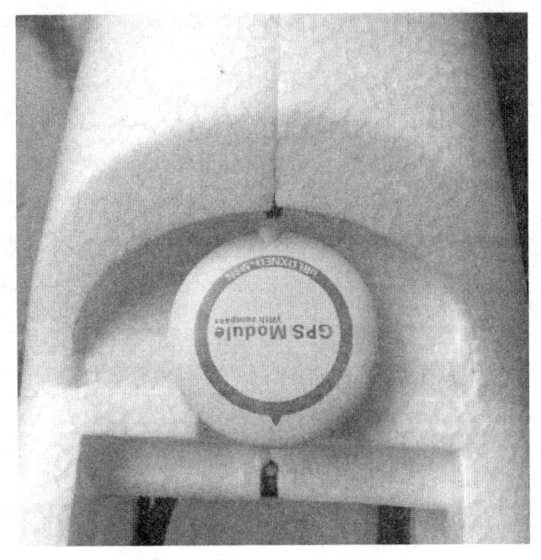

图 3-1-89　固定 GPS 模块

（十一）无人机组合流程

第一步：安装左、右尾翼。

使用组件：左、右尾翼，尾翼螺丝 4 颗。

使用工具：直径为 2.5mm 的六角螺丝刀。

操作方法：先将延长线插头对准同颜色极性连接好（图 3-1-90），再将尾翼反装插入支架槽中，用螺丝刀将螺丝锁紧（图 3-1-91），组装完后效果如图 3-1-92 所示。

注意事项：① 须反装尾翼；② 延长线插头须插到位；③ 螺丝须锁紧。

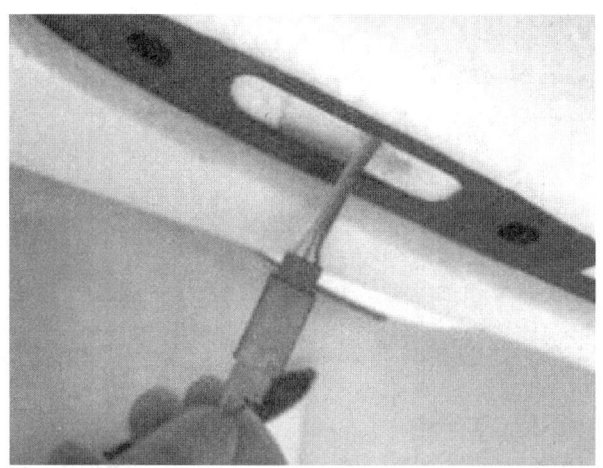

图 3-1-90 延长线插头插到位

图 3-1-91 反装尾翼、锁紧螺丝

图 3-1-92 尾翼组装效果图

第二步:安装左、右主机翼。

使用组件:左、右主机翼,粗碳管,细碳管。

使用工具:直径为3.0mm的六角螺丝刀。

操作方法:先将粗、细碳管分别从机身中间对应的孔中穿过(图3-1-93),对好机翼延长线极性(相同颜色)连接,插紧插头(图3-1-94),将机翼插入直至与机身紧密相连接的程度(图3-1-95),再用螺丝刀在机翼反面将螺丝锁紧,如图3-1-96所示。

注意事项:① 延长线插头须插紧;② 主机翼须插到位;③ 锁紧螺丝。

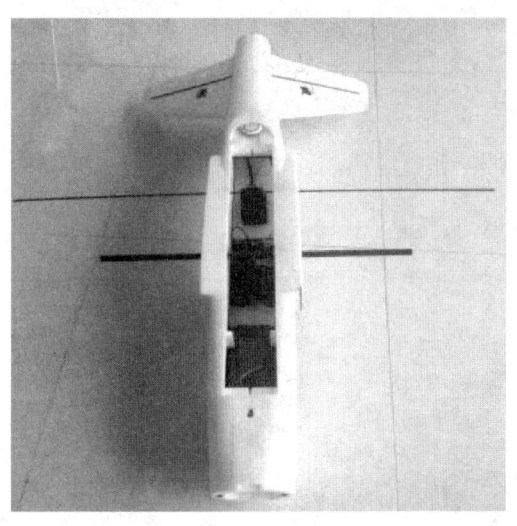

图3-1-93 安装粗、细碳管

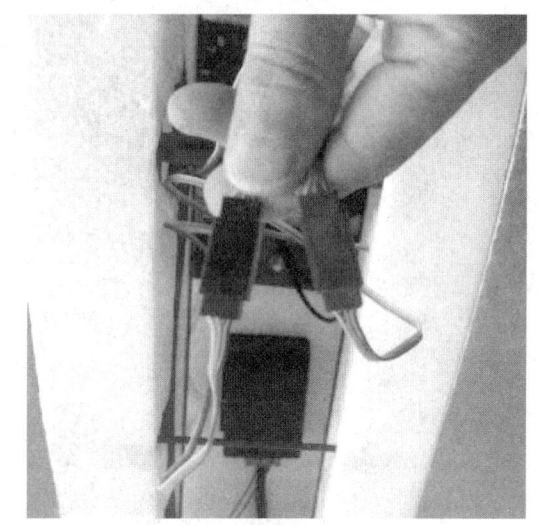

图3-1-94 插机翼延长线

图3-1-95 安装机翼

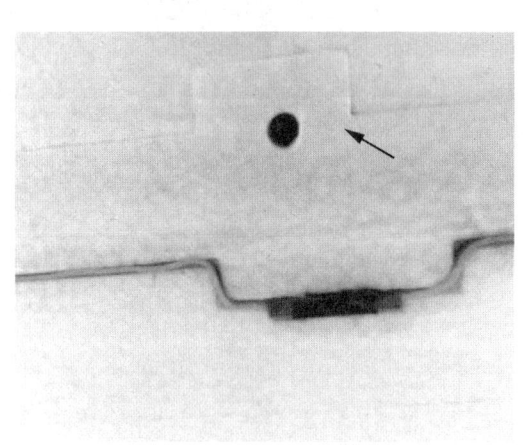

图3-1-96 锁紧机翼螺丝

第三步:安装螺旋桨。

使用组件:螺旋桨。

使用工具:直径为2.5mm的螺丝刀。

操作方法:先拧下桨帽螺丝和垫片,将桨面有印字的那一面朝里插入电动机转轴中(图3-1-97),装上垫片(平面贴桨面,图3-1-98),再将桨帽螺丝锁紧(用螺丝杆插入桨帽孔中将桨帽锁牢),如图3-1-99所示。

注意事项:① 注意螺旋桨方向;② 注意螺旋桨垫片方向;③ 锁紧桨帽螺丝。

图3-1-97 安装螺旋桨

图3-1-98 安装螺旋桨垫片

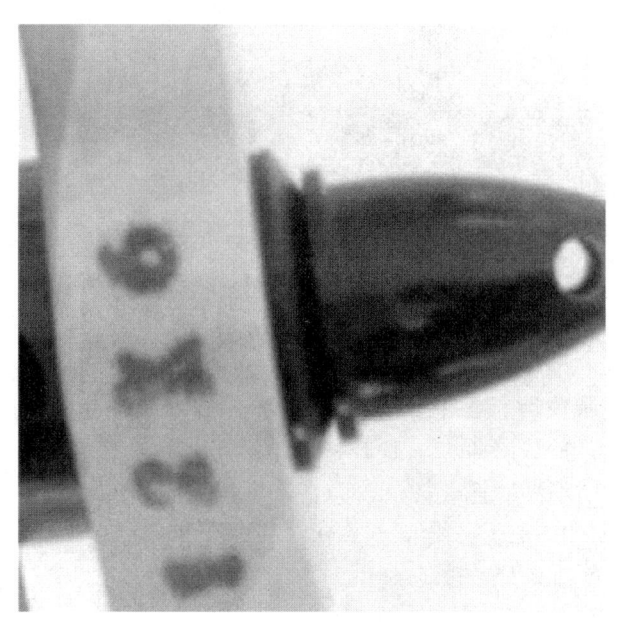
图3-1-99 安装螺旋桨桨帽螺丝

第四步:安装数传电台。

使用组件:数传电台,数传电台天线。

使用工具:无。

操作方法:先将数传电台天线在数传电台上拧紧(图3-1-100),再将数传电台连接头插入数传电台插座中(图3-1-101),最后把数传电台安装在已贴好魔术贴的正中位置,如

图3-1-102所示。

注意事项：① 拧紧数传天线；② 注意插头方向；③ 注意电台及天线位置。

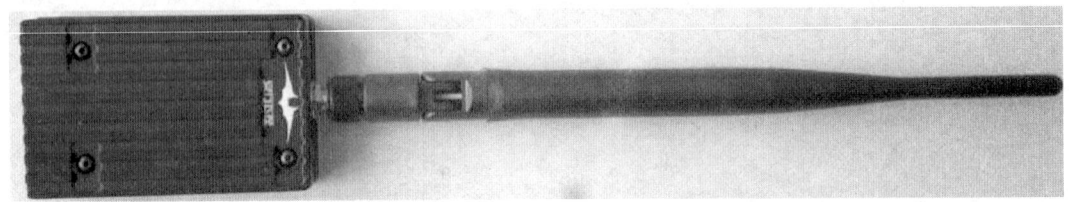

图3-1-100　拧紧数传电台天线

图3-1-101　连接数传电台

第五步：装降落伞。

使用组件：机身，降落伞，动力电池，遥控器或地面平台电脑，螺母。

使用工具：无。

操作方法：先将遥控器打至连接飞机状态，再从机头装入动力电池（图3-1-103），根据动力电池接口极性插紧并通电（红线对红线，黑线对黑线，图3-1-104）。将降落伞多股绳子面朝里、伞舱盖面朝外置于伞舱中间，伞盖居中。拨动遥控器的"SF"关闭伞舱挡，锁住伞舱盖，用手拧紧降落伞螺丝，再将降落伞绳子理顺后用胶布粘到一侧，最后锁上舱盖。

注意事项：① 遥控器处于打开状态；② 注意动力电池极性；③ 注意降落伞放置方向。

图3-1-102　安装数传电台

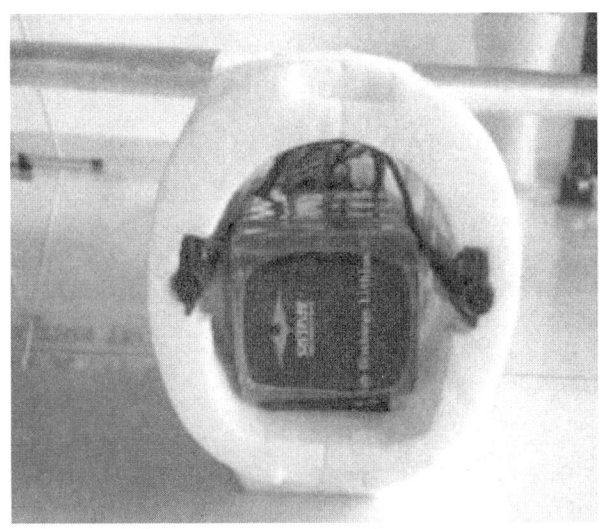

图 3-1-103 安装动力电池

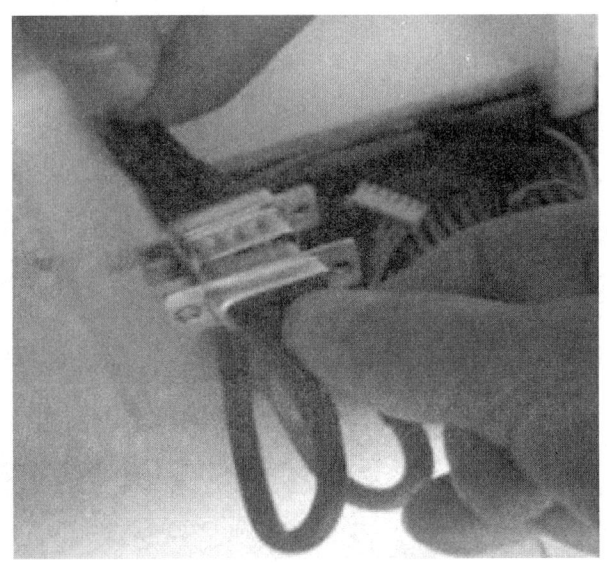

图 3-1-104 插紧动力电池

五、地面调试

第一步：校飞机水平重量。

使用组件：动力电池，机身，头罩。

使用工具：直径为 2.5mm 的六角螺丝刀。

操作方法：安装完降落伞后，将动力电池放置在机头内，不要固定。将头罩内壁较厚的一侧朝下，头罩左、右碳管平行插入机身头罩卡扣中（图 3-1-105），用左、右手的食指或中指分别压在左、右主机翼，校正水平位置（主机翼压条两缝隙之间的中心位置）托起整个飞机（图 3-1-106），再看飞机的姿态。如果机头重，则拆下头罩把动力电池向机尾方向移动一定的距离;如果机尾重,则拆下头罩把动力电池向前方机头移到适当位置,直到左、右手指按在机翼水平校正位置时托起机身处于水平状态,如图3-1-107所示。固定好动力电池的位置,安装好头罩,并用2.5mm六角螺丝刀将头罩扣头螺丝锁紧,如图3-1-108所示。

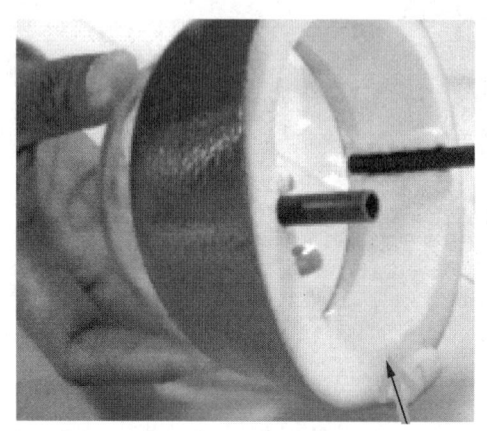

图3-1-105　安装头罩

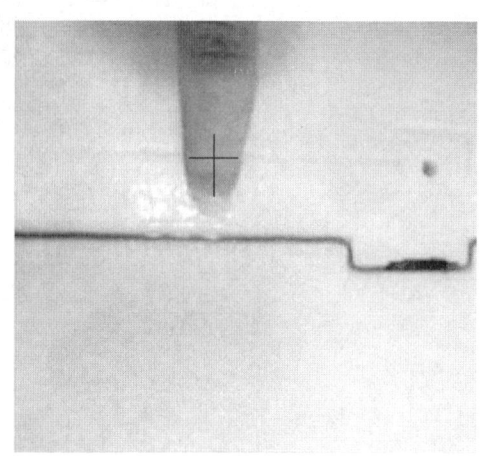

图3-1-106　校正左、右主机翼水平位置

图3-1-107　校正机身处于水平状态

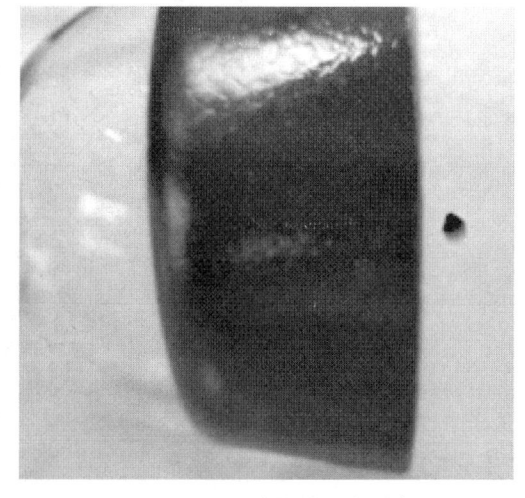

图3-1-108　锁紧头罩扣头螺丝

注意事项:① 主机翼校正水平;② 注意动力电池定位;③ 注意头罩朝向;④ 头罩须卡到位。⑤ 头罩螺丝须拧紧。

第二步:校机身水平。

使用组件:水准气泡,地面站。

使用工具:无。

操作方法:把水准气泡正放在自驾仪上(图3-1-109),托起整个无人机看水准气泡位置,调整无人机方位直到水准气泡停留在中心位置(图3-1-110)。在已经连接好的地面站初始设置的加速度校准选项内点击"校准水平",直到出现complete界面(图3-1-111)。点击飞行数据,查看快速栏内的roll(deg)翻滚值和pitch(deg)横滚和俯仰度值是否近似为0。

注意事项：① 水准气泡正放在自驾仪上；② 注意气泡停留位置；③ 注意地面站的 roll（deg）和 pitch（deg）值是否近似为 0。

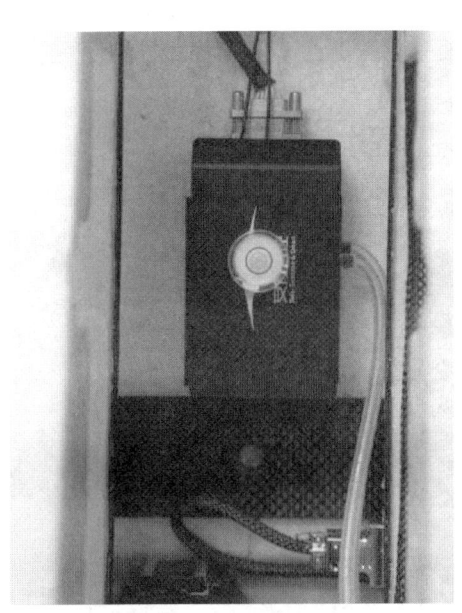

图 3-1-109　放置水准气泡

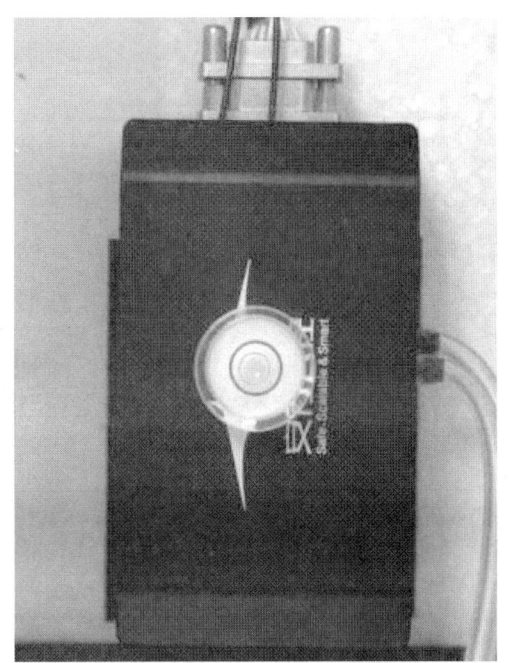

图 3-1-110　气泡停留在中心位置

图 3-1-111　complete 界面

第三步：遥控器校准。

使用组件：机身，遥控器，地面站。

使用工具：无。

操作方法：选中地面站初始设置"必要硬件"栏，下拉"遥控器校准"菜单（图 3-1-112），点击"遥控器校准"，两次选择"OK"，开始校准遥控器的各个已设置的通道，校准完成后点击

"Click when Done"按钮,如图 3-1-113 所示。然后两次选择"OK"校准,则会出现各通道校准完成之后的脉宽,该数值正常情况一般为 1 100~1 900,点击"OK"校准完成(图 3-1-114)。

注意事项:① 校准遥控器各个通道的位置;② 校准完成后注意各通道脉宽区间值是否正常。

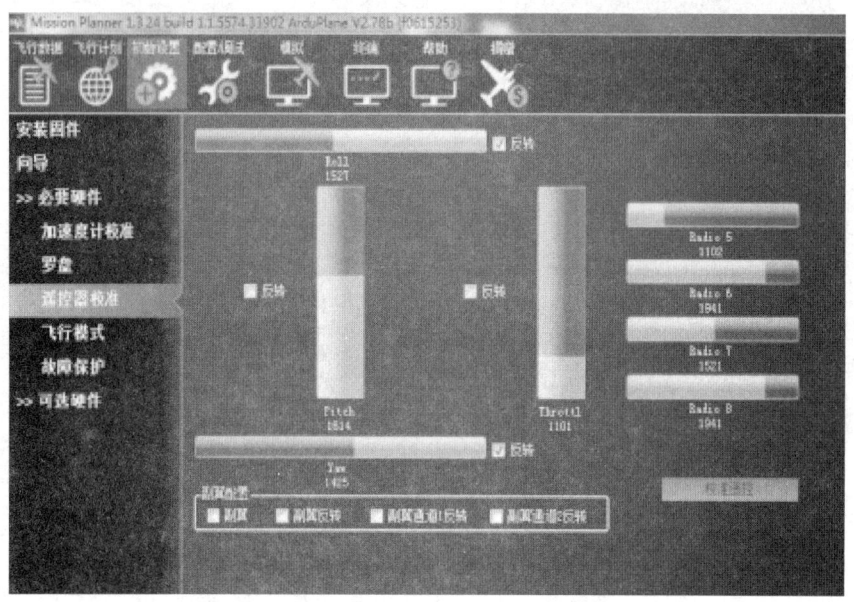

图 3-1-112 "遥控器校准"菜单

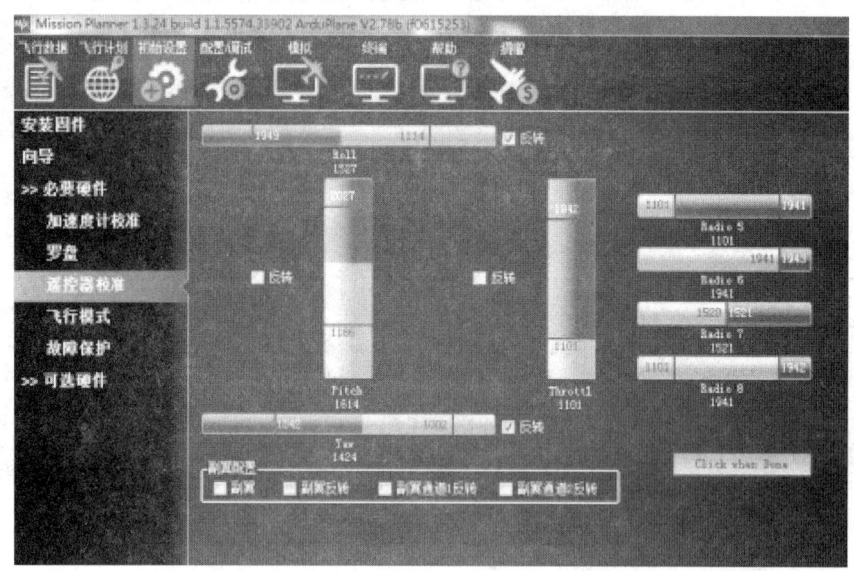

图 3-1-113 单击"Click when Done"按钮

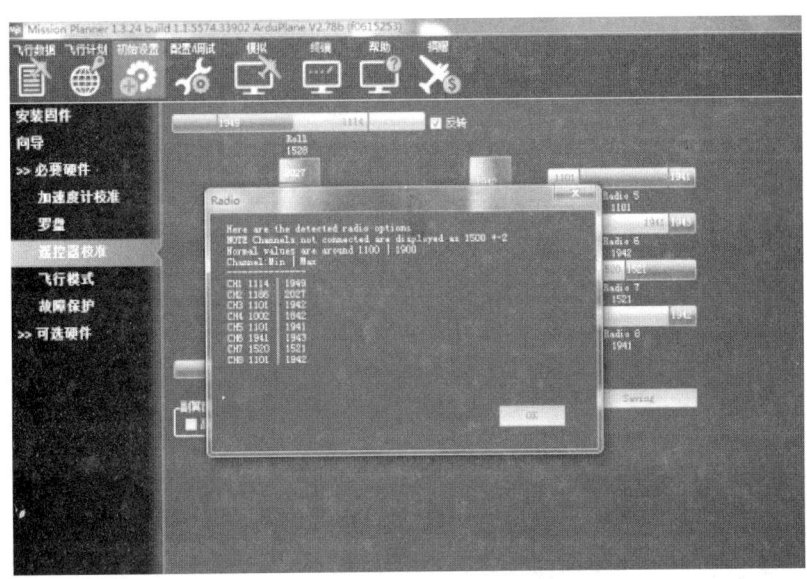

图 3-1-114　单击"OK"校准

第四步:空速计校准。

使用组件:机身,地面站。

使用工具:无。

操作方法:首先用手挡住空速管周围的风,注意不能碰空速管,如图 3-1-115 所示。一人选中地面站飞行数据菜单内动作第一项目,下拉"PREFLIGHT_CALIBRAT"菜单(图 3-1-116),单击"YES",清空速和高度(图 3-1-117),检查飞行姿态小窗口内空速是否近似为 0,如图 3-1-118 所示。然后对空速管总压孔吹气(注意不能挡住侧面的静压孔,图 3-1-119),观察空速管是否正常工作(空速值是否上升到"50"以上),如图 3-1-120 所示。

注意事项:① 对总压孔进行吹气时不能挡住静压孔;② 注意各阶段的空速值。

图 3-1-115　手挡空速管

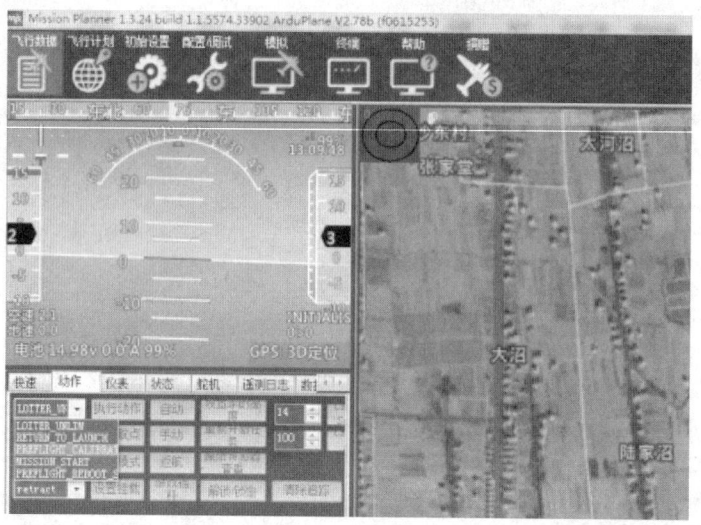

图 3-1-116　下拉"PREFLIGHT_CALIBRAT"菜单

图 3-1-117　清空速和高度

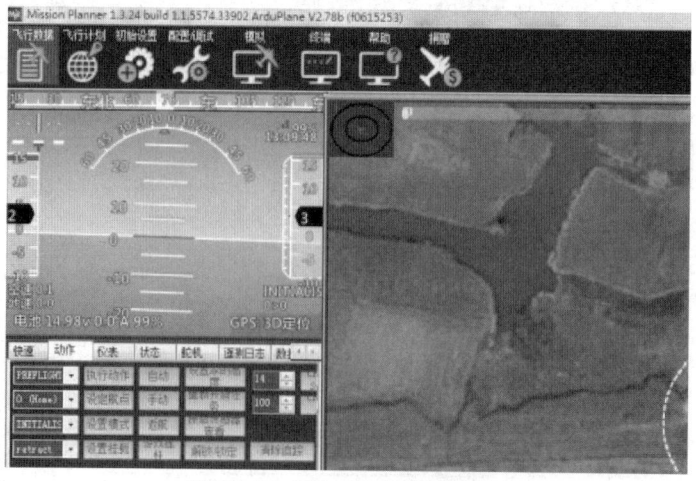

图 3-1-118　检查空速数据

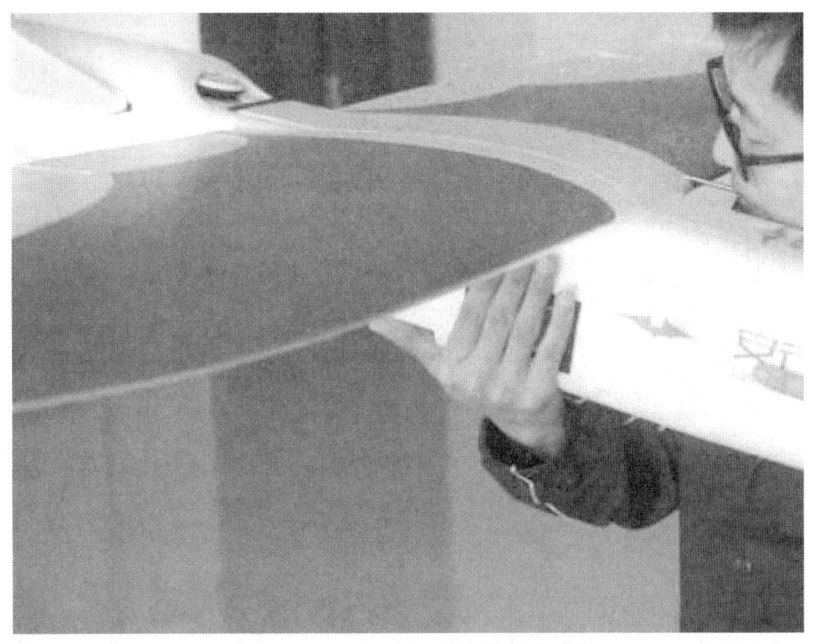

图 3-1-119 对空速管总压孔吹气

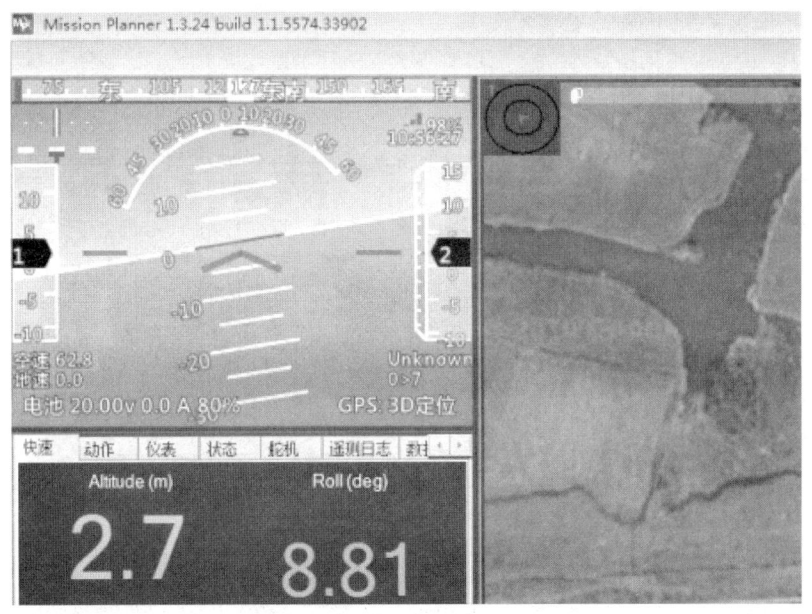

图 3-1-120 观察空速数据

第五步：安装地面站。

地面站连接示意图如图 3-1-121 所示。

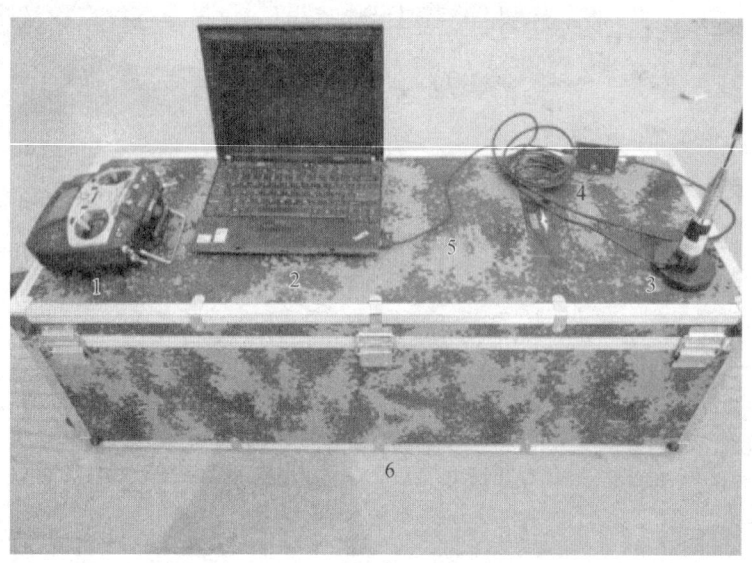

图 3-1-121 地面站连接示意图

1-遥控器;2-地面控制电脑;3-吸盘天线组件;4-数传电台;5-电台信号传输线;6-包装箱

(1) 打开地面控制电脑。

使用组件:地面控制电脑。

使用工具:无。

操作方法:将地面控制电脑平放在包装箱上,通电,按开机键打开电脑,如图 3-1-122 所示。

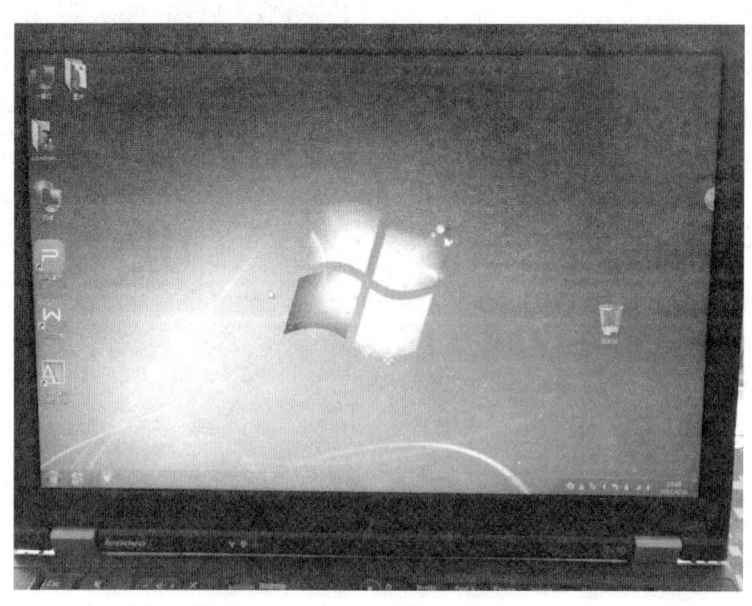

图 3-1-122 打开地面控制电脑

(2) 吸盘天线连电台。

使用组件:吸盘天线,吸盘,数传电台。

使用工具:无。

操作方法:先将吸盘天线在吸盘上拧紧(图3-1-123),再将吸盘天线连接线拧到电台天线接口上,如图3-1-124所示。

注意事项:① 吸盘天线与吸盘底座须拧紧;② 吸盘天线接口与电台接口须拧到位。

图3-1-123 吸盘天线在吸盘上拧紧

图3-1-124 连接数传电台天线接口

（3）将数传电台信号传输线连接到数传电台及控制电脑。

使用组件：数传电台信号传输线，地面控制电脑。

使用工具：无。

操作方法：将数传电台信号传输线 5PIN 小头端口插入 5PIN 端口中（图 3-1-125），再将数传电台信号传输线大头端口插入已开机的地面控制电脑上的任何一个 USB 母端口中，如图 3-1-126 所示。

注意事项：① 5PIN 小头端口须插紧；② 大头端口与地面控制电脑 USB 母端口须插紧。

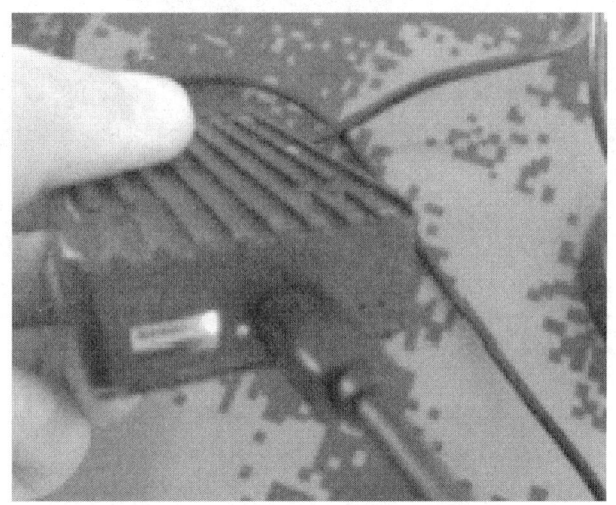

图 3-1-125　连数传电台信号传输线

图 3-1-126　电脑端 USB 接口

第六步：遥控器基本要求和设置。无人机有手动飞行、自动飞行、自动返航三个导航模式,需要有效的 GPS 定位才能正确进入。如果在没有 GPS 信号时切入导航模式,实际上进入的是无 GPS 盘旋模式。遥控器开关默认配置见表 3-1-5。

表 3-1-5 遥控器开关默认配置

SF		SC		图示
关闭伞舱	▲	自动返航	▲	
---	■	自动飞行	■	
开启伞舱	▼	手动飞行	▼	

第七步:检查无人机舵面。遥控器切换到"自动"状态,按下列步骤晃动无人机。

(1) 副翼舵检测(自动模式下检测)。

① 无人机向右倾斜。首先机身右倾,在副翼上应自动给出一个使无人机向左滚的控制量,如图 3-1-127 所示。

图 3-1-127 无人机向右倾斜

② 无人机向左倾斜。首先机身向左倾斜,在副翼上应自动给出一个使无人机向右滚的控制量,如图 3-1-128 所示。

图 3-1-128　无人机向左倾斜

（2）升降舵的检测（自动模式下检测）。

① 无人机向上抬头。机头向上抬头，升降舵应自动给出一个使机头向下的控制量，如图 3-1-129 所示。

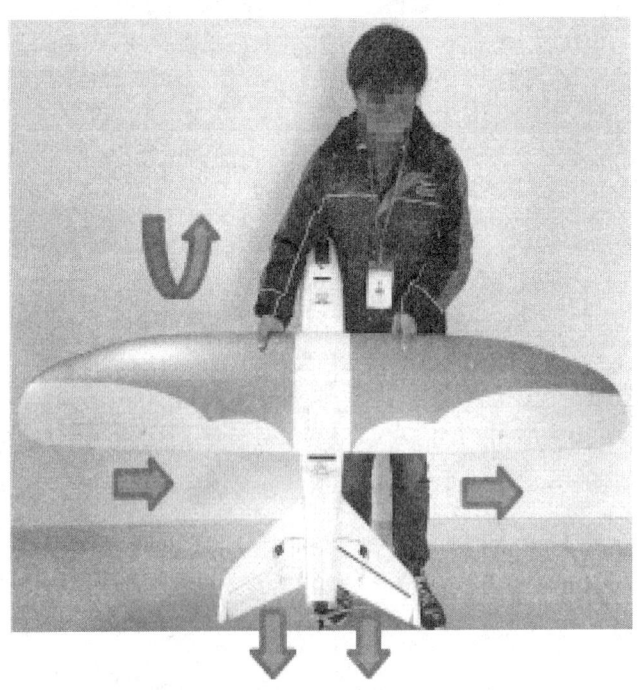

图 3-1-129　无人机向上作抬头动作

② 无人机做俯冲动作。机头向下倾斜,升降舵应自动给出一个使机头向上的控制量,如图 3-1-130 所示。

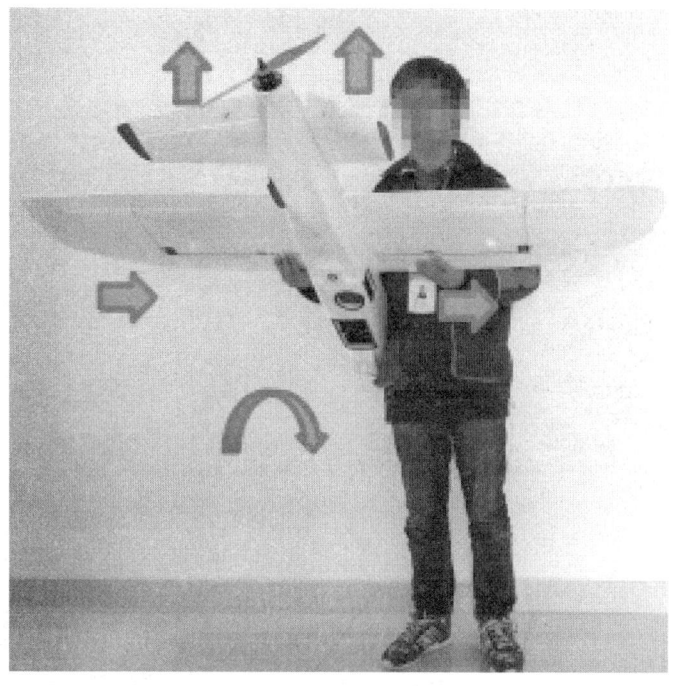

图 3-1-130 无人机机头向下俯冲

第八步:拍照检查。在地面站飞行数据的地图窗口右击拍照控制窗口(图 3-1-131),点击"现在按下相机快门"栏,观察相机是否拍照,拍照时快门会发出"咔咔"声。

图 3-1-131 拍照控制窗口

第九步:手抛无人机作业。选择好地形,双手前后抓稳无人机,举到高于头部上前方的位置,右手发力将无人机以 35°推向空中,如图 3-1-132 所示。

无人机组装配件示意图如图 3-1-133 所示。

图 3-1-132 手抛无人机作业

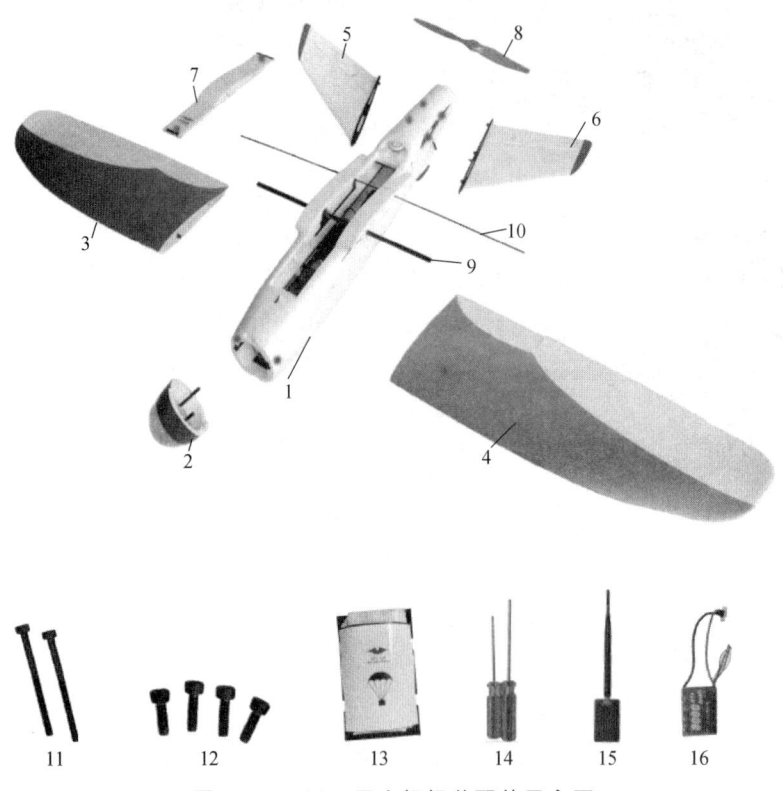

图 3-1-133 无人机组装配件示意图

1-机身；2-头罩；3-右机翼；4-左机翼；5-右尾翼；6-左尾翼；7-机舱盖；8-螺旋桨；9-粗碳管；10-细碳管；11-舱盖螺丝；12-尾翼螺丝　13-降落伞；14-螺丝刀；15-数传电台；16-动力电池

注：深色点为螺丝孔位置。

六、空中调试

由于在地面调试的参数偏差,以及组装制作的工艺有出入,可能会出现无人机偏左或偏右姿态飞行、仰角或俯角飞行以及直线飘移现象,这时候就需要进行参数调试来补救。具体调试方法如下:

1. 遥控器操作指南(日本手遥控器)如图 3-1-134 所示。

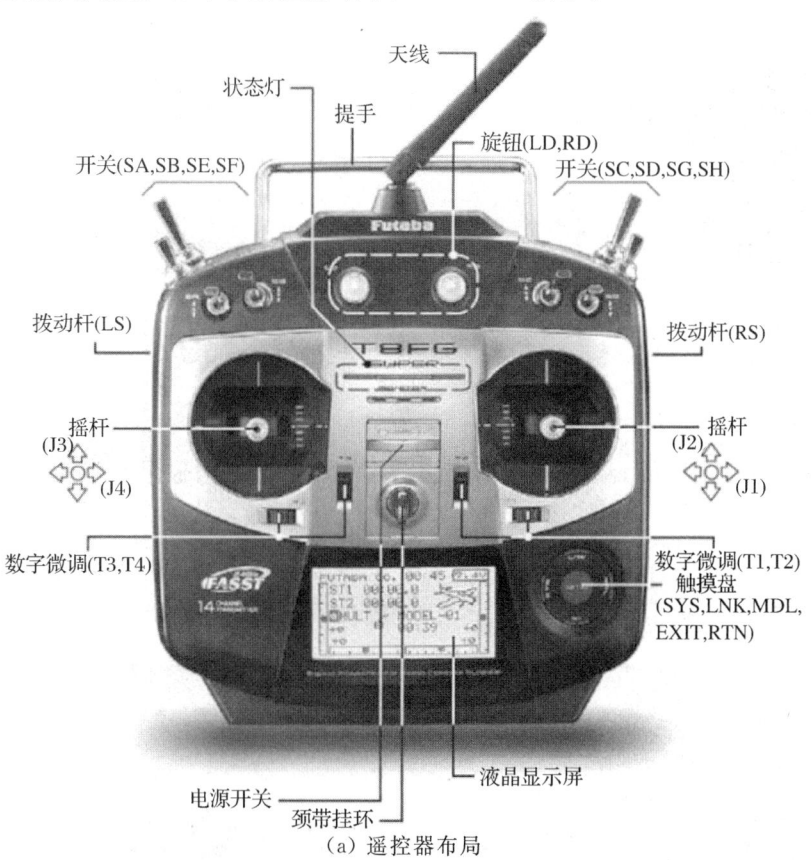

(a) 遥控器布局

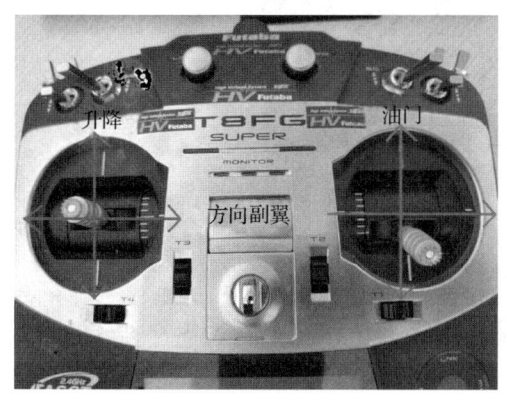

(b) 遥控器的摇杆

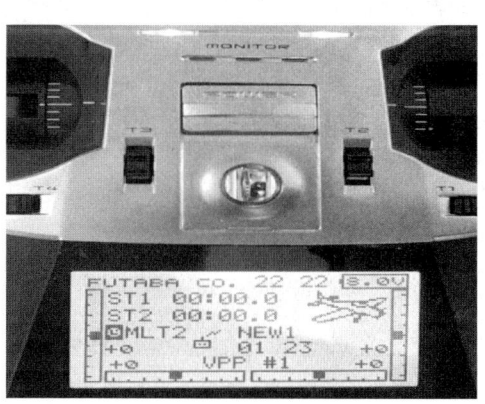

(c) 遥控器显示器界面

图 3-1-134 遥控器操作指南(日本手遥控器)

2. 空中调试方法。

(1) 飞行左偏现象。无人机出现左偏现象时,需要往右拨微调 T1 副翼键,显示屏上的数值会往上增加,直到调至无人机平衡飞行为止,如图 3-1-135 所示。

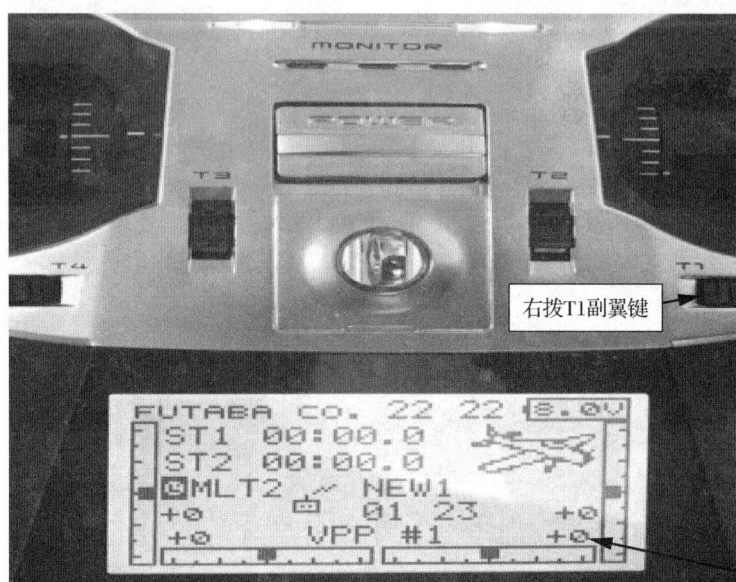

图 3-1-135　调试无人机左偏现象

(2) 飞行右偏现象。无人机出现右偏现象时,需要往左拨微调 T1 副翼键,显示屏上的数值会往下减,直到调至无人机平衡飞行为止,如图 3-1-136 所示。

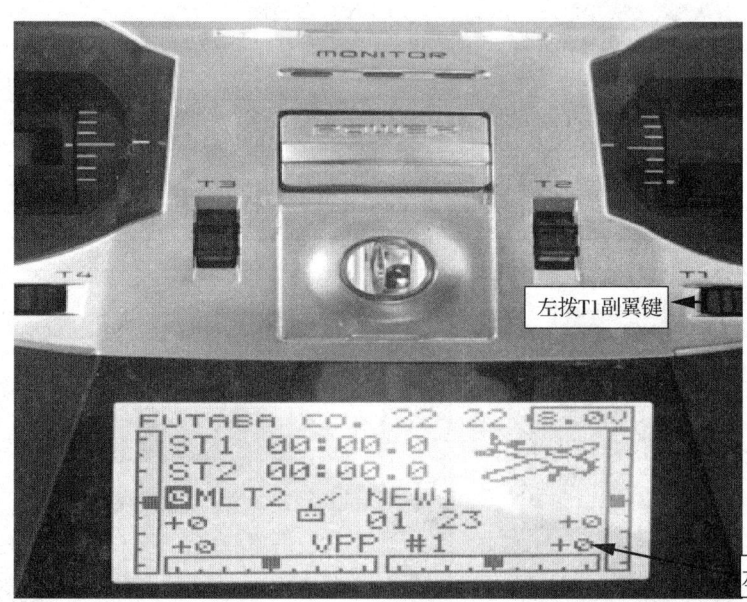

图 3-1-136　调试无人机右偏现象

(3) 飞行时呈仰角现象。无人机出现仰角现象时,需要往上推微调 T3 升降键,显示屏上的数值会往下减,直到减至无人机平衡飞行为止,如图 3-1-137 所示。

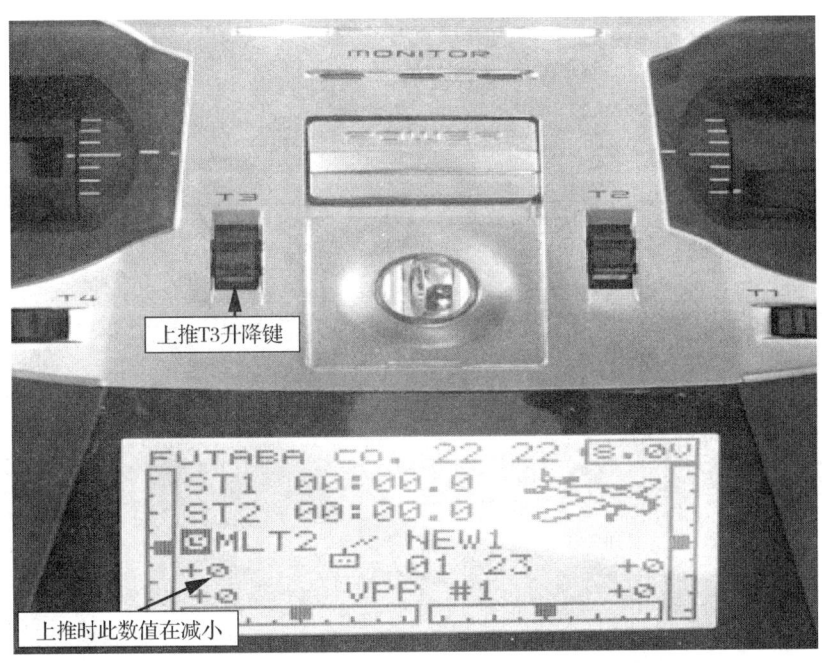

图 3-1-137 调试无人机仰角现象

（4）飞行时呈俯角现象。无人机出现俯角现象时，需要往下拨微调 T3 升降键，显示屏上的数值会往上增加，直到增至无人机平衡飞行为止，如图 3-1-138 所示。

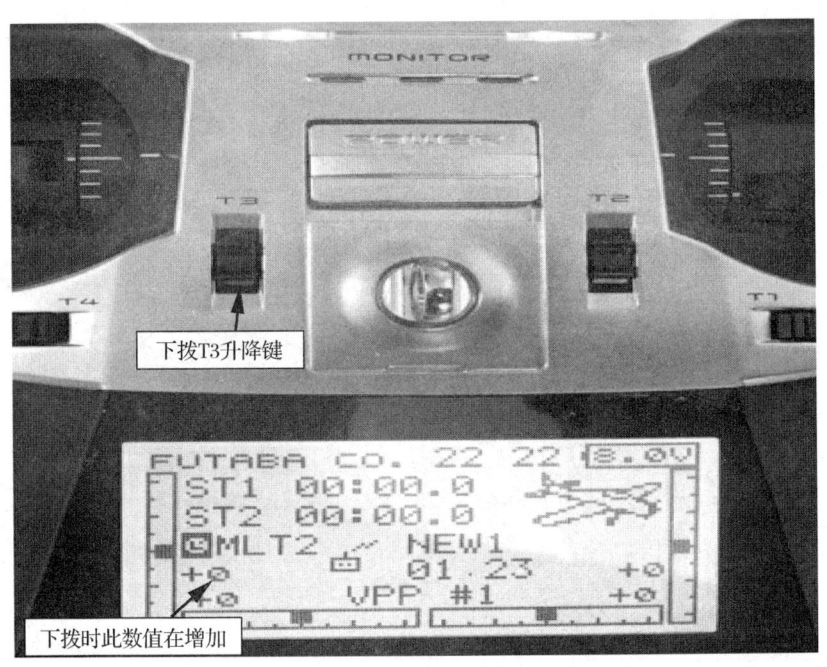

图 3-1-138 调试无人机俯角现象

（5）飞行左飘移现象。无人机出现左飘移现象时，需要往右拨微调 T4 方向键，显示屏上的数值会往上增加，直至无人机平衡飞行为止，如图 3-1-139 所示。

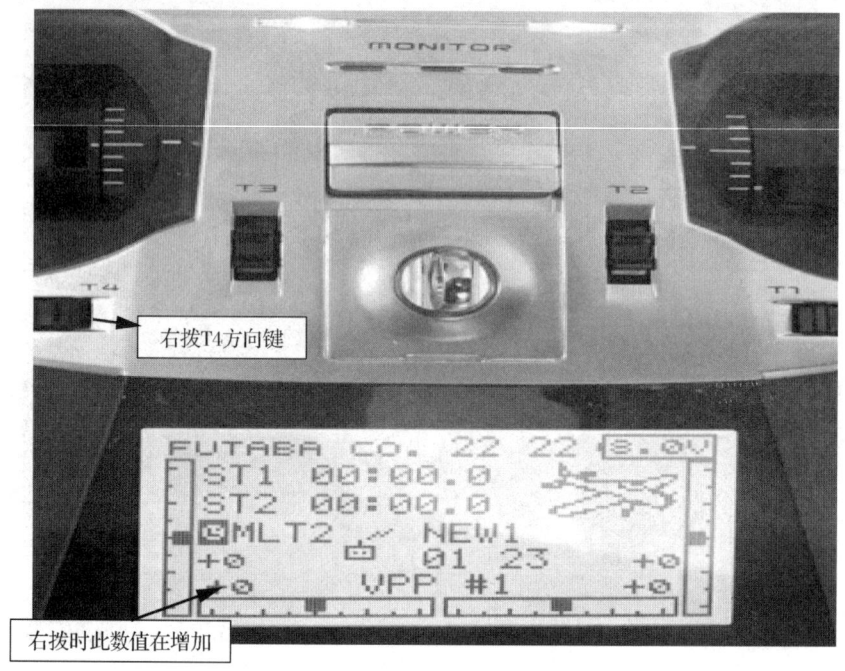

图 3-1-139 调试无人机左飘移现象

（6）飞行右飘移现象。无人机出现右飘移现象时，需要往左拨微调 T4 方向键，显示屏上的数值会往下减，直至减到无人机平衡飞行为止，如图 3-1-140 所示。

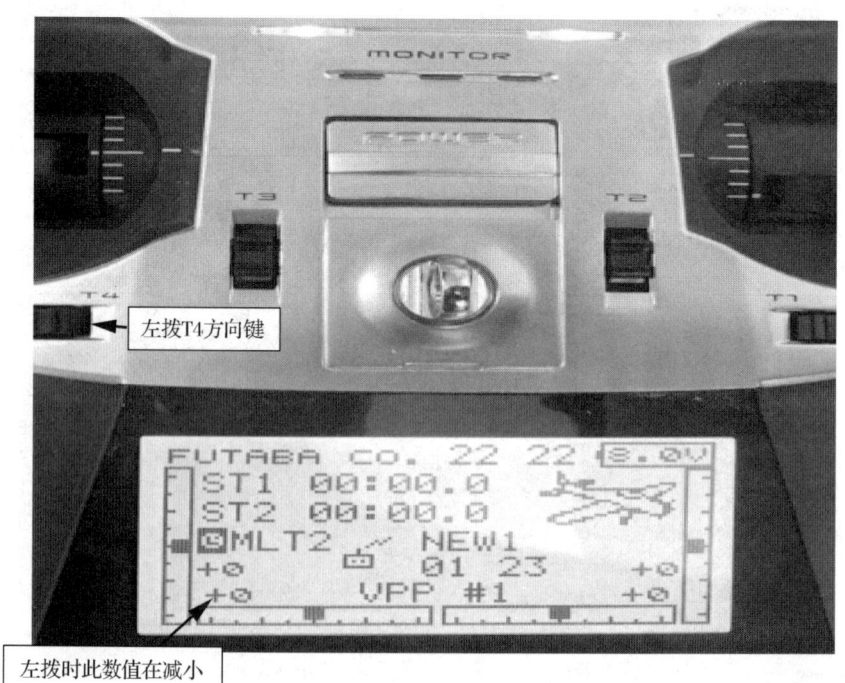

图 3-1-140 调试无人机右飘移现象

第二节　多旋翼无人机组装及调试

旋翼无人机是指通过在空气中旋转螺旋桨产生足够的升力从而实现飞行的一类无人机。旋翼无人机的主要类型有两种,一种为多旋翼无人机,另一种是常规的直升机。多旋翼无人机可以根据电动机的数目作做一步划分,如有 3 台电动机的三旋翼无人机,有 4 台电动机的四旋翼无人机,有 6 台电动机的六旋翼无人机,有 8 台电动机的八旋翼无人机。下面对四旋翼无人机组装及调试进行详细介绍。

一、组装常用工具及辅料

多旋翼无人机组装常用工具有电烙铁、螺丝刀、剥线钳、剪钳、美工刀。这些工具的使用方法在固定翼无人机组装常用工具中已有详细介绍,因多旋翼无人机动力大,使用 M6 以上的螺丝时需要用到大功率的电钻螺丝枪。

多旋翼无人机组装常用辅料有焊锡丝、热缩套管、魔术贴。在固定翼无人机组装常用辅料中已有详细使用说明,如果电子调速器及电池无法用螺丝固定,则需要使用尼龙扎带扎牢。

二、接线步骤

一套具备完全功能的自动驾驶系统,它包括主飞行控制器以及与之相连的若干设备。

(一) 焊接电子调速器

电子调速器输出三相交流电供电动机运转,其连接方法有两种:第一种,直接或通过电线焊接;第二种,通过焊接"子弹接头",常称之为"香蕉头",即插在电动机香蕉头中。

焊接"子弹接头"的步骤如下:

第一步:剥线头。根据使用的电动机电流大小选用合适的电线,常用规格有 8A、10A、12A、14A、16A、18A,用剥线钳将电线头绝缘层剥去 3~5mm。

第二步:焊香蕉头。在剥去绝缘层的线头四周均匀加锡,用钳子将香蕉头夹住(在焊接时香蕉头非常烫,手无法抓住),往香蕉头孔中加入锡(锡的量为香蕉头孔的一半),此时的烙铁头始终不能离开香蕉头,再把加锡的线头"垂直"插入香蕉头孔中,2~3s 后当锡完全熔合在一起时先挪开烙铁头,待 3~5s 后锡完全凝固即可。

第三步:套热缩套管。在焊好的香蕉头上套上热缩套管,热缩套管长度是香蕉头的 2 倍,将香蕉头完全包住,但不能超出香蕉头边缘,其目的是防止焊接头和香蕉头与其他线路相碰发生短路现象。套好热缩套管后用打火机或热风枪(温度为 100℃)在热缩套管上加热,使热缩套管遇热收缩,紧紧包住香蕉头和焊点,起到绝缘和加固焊点作用。

(二) 焊接电源模块

将电源模块的阴线接在主机板上,注意卡扣的正反不要混淆。另外,记得装好后试一下电池是否稳定牢固。

(三) 组装步骤

以通用类四旋翼无人机的安装为例,整体的安装步骤由里向外,但是也不必拘泥,学生们可结合自身的认知水平以及所购选的材料进行安装,以下的介绍仅作参考。四旋翼无人机的安装部件见表3-2-1。

表3-2-1 四旋翼无人机的安装部件

名称	型号	关键参数
机架	S500	轴距500mm,负载悬停(搭云台相机)15min
飞控	PIXHAWK2.4.6	
GPS	8N GPS	
电动机	飓风u2810	KV750,尺寸35mm×30mm
电调	好盈乐天Xrotor	20A
螺旋桨	APC FUN 1147	0.33m
电池	酷点3S	5200mAh
遥控器	乐迪AT9	九通道2.4G
充电器	iSDT SC-608	150W,8A
BB响		电压检测精度正负0.01
双面圆形胶		直径18mm,厚度3mm
扎带		2.5mm×200mm
螺丝紧固胶	乐泰243	50mL
热缩管		直径4mm
魔术贴		宽2.5cm
反扣魔术贴扎带		20mm×245mm
电源线	AMASS正品XT60	
开关电源		24V

第一步:用直径为2.5mm的螺丝安装机臂与上层中心板,如图3-2-1所示。

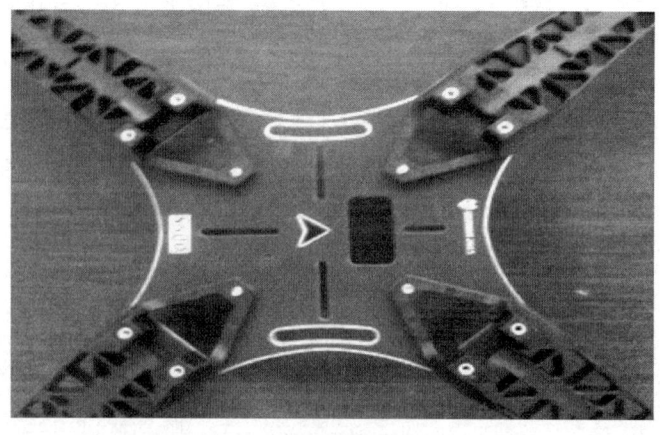

图3-2-1 安装机臂与上层中心板

第二步：香蕉头灌锡，三线插入电动机，连上电子调速器，如图3-2-2所示。

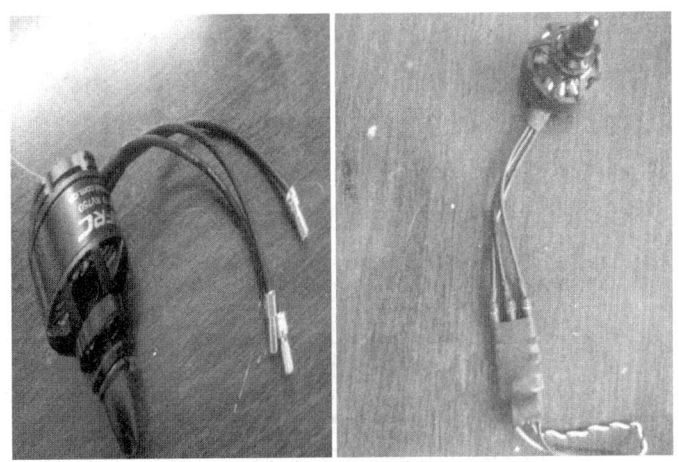

图3-2-2　三线插入电动机

第三步：用直径为3mm的螺丝装上4台电动机，必须注意电动机的顺序，银色帽为1、2号对角，黑色帽为3、4号对角，以飞控箭头为正方向，如图3-2-3所示。

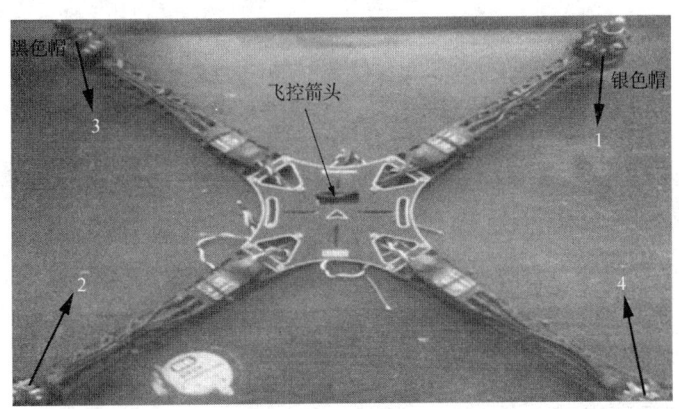

图3-2-3　安装4台电动机

第四步：安装脚架，如图3-2-4所示。

图3-2-4　安装脚架

第五步:连接上中心板和下中心板。注意:先在下层板上的"＋""－"极上点锡,将电子调速器的红黑线分别焊在正负极上,电源模块上露出的线也焊在下层板的电源正负极上,如图3-2-5所示。

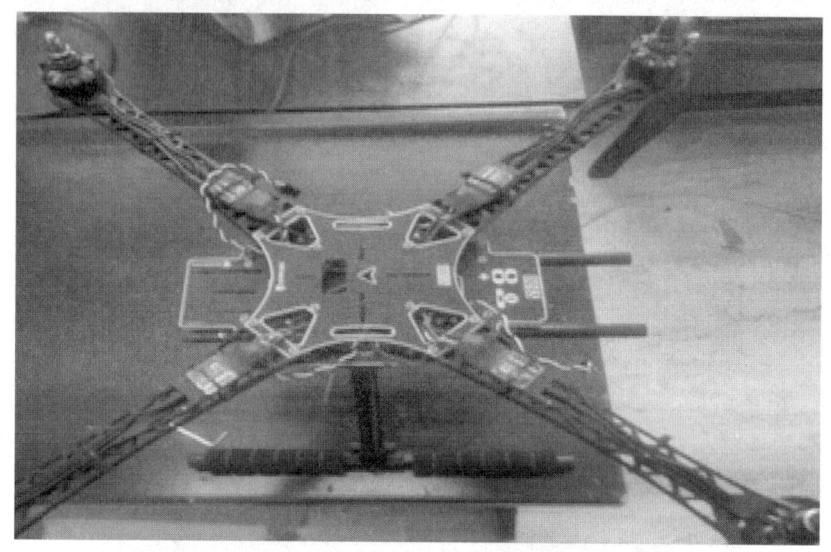

图3-2-5 焊接上、下中心板

第六步:安装飞控系统,如图3-2-6所示。

 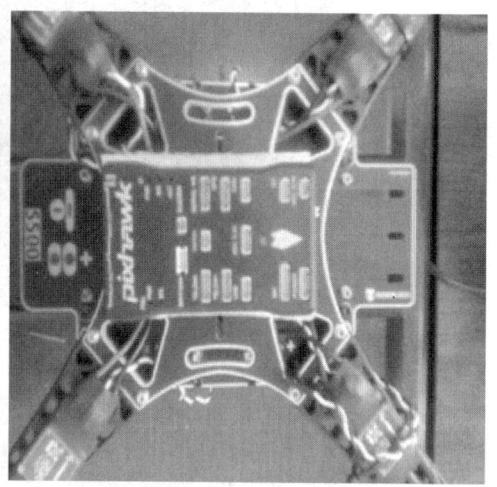

图3-2-6 安装飞控系统

第七步:安装GPS支架,如图3-2-7所示。
第八步:固定电池。用反扣魔术带固定电池,如图3-2-8所示。
第九步:安装遥控接收器,如图3-2-9所示。

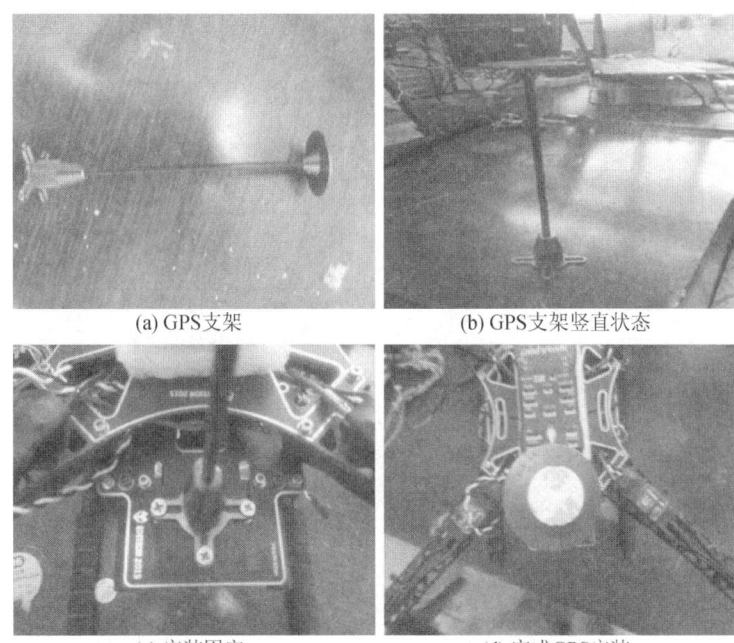

(a) GPS支架　　　　　　　(b) GPS支架竖直状态

(c) 安装固定　　　　　　　(d) 完成GPS安装

图3-2-7　安装GPS支架

图3-2-8　固定电池

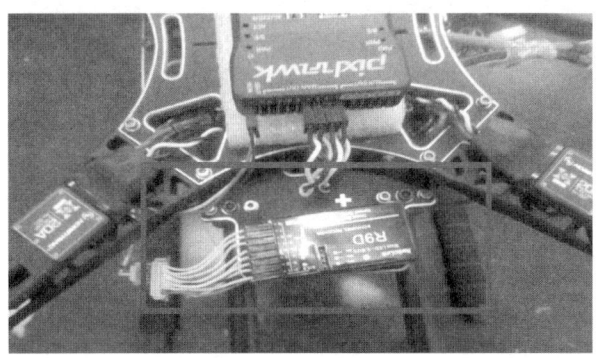

图3-2-9　安装遥控接收器

三、安装程序

由于四旋翼无人机得到大家的广泛认可,因此在此介绍一下大疆公司该飞行软件的使用方法。

在"相机"界面可以设置相机的相关参数(图3-2-10)以及预览 Phantom 3 Advanced 时拍摄的实时高清视频和照片。

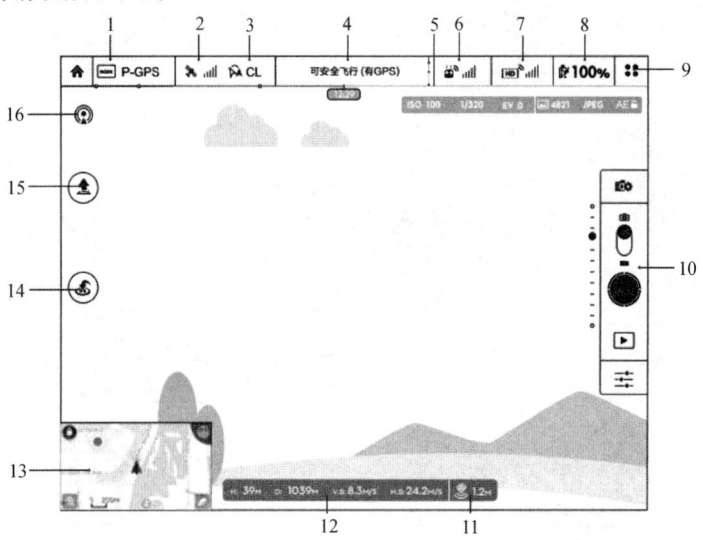

图3-2-10　在"相机"界面设置相机的相关参数

(1) 飞行模式。

[MODE]:显示当前为飞行模式。

点击按键进入主控设置菜单,可进行飞行器限低、限高、限远设置,磁罗盘校准及感度参数调节等功能。

> 💡 首次使用App时,无人机处于新手模式。在新手模式下,无人机限高飞行30m,限远飞行30m。用户可点击MODE进入设置以解除新手模式。

(2) GPS模式。

📶:GPS状态图标用于显示GPS信号强弱。当卫星图标变成绿色时,无人机进入可安全飞行状态。

(3) 智能方向控制(IOC)。

CL:显示IOC功能是否启用。

(4) 飞行器状态提示栏。

可安全飞行(有GPS):显示无人机的飞行状态以及各种警示信息。

(5) 智能飞行电池电量。

:实时显示当前智能飞行器电池剩余电量及可飞行时间。电池电量进度条上的不同颜色区间表示不同的电量状态。当电量低于报警阈值时,电池图标变成红色,提醒操作者应尽快降落无人机并更换电池。

(6) 遥控链路信号强度。

📡📶：显示遥控器与无人机之间的信号程度。

(7) 高清图传链路信号强度。

📶HD：显示无人机与遥控器之间高清图传链路信号是否良好。

(8) 电池设置键。

🔋100%：实时显示当前智能无人机的电池剩余电量。点击"电池设置"键可设置低电量报警阈值，并查看电池信息；可设置存储自放电启动时间。当飞行时发生电池放电电流过大、放电短路、放电温度过高、放电温度过低、电池芯片损坏等异常情况，界面会实时提示，并可在历史记录中查询最近的异常记录。

(9) 通用设置键。

⚙：点击"通用设置"键，可设置参数单位、设置相机复位、快速预览、云台调节、航线显示等。

(10) 相机控制栏。

① 拍照与设置键。

📷⚙：点击"拍照与设置"键可设置录影与拍照的各项参数。其中包括录影的色彩空间模式、录影文件格式、图片文件的大小与比例等参数。

② 拍照键。

⬤：拍照键用于触发相机拍照。默认为单张拍照模式，长按该按键将进入二级菜单，从该菜单中可选择定时拍照等高级拍照模式。

③ 录影键。

⬤：录影键用于开始/停止录影。按一次该键开始录影，视频上方会显示时间码，表示当前录影的时间长度，再按一次该键即停止录影；也可按下遥控器上的录影按键启动录影。

④ 回放键。

▶：点击"回放"键查看自己拍摄的照片及视频。用户亦可通过遥控器上的回放键进行回放操作。

⑤ 拍照参数键。

≡：设置相机的 ISO、快门、曝光补偿参数。

(11) 视觉定位系统状态。

📡：视觉定位系统状态图标用于显示无人机离地面的高度。

(12) 飞行状态参数。

H: 39M　D: 1039M　V.S. 8.3M/S　H.S. 24.2M/S　📡 1.2M

① 悬停高度图标。开启视觉定位系统功能后，悬停高度图标用于实时显示无人机悬停高度。

② 飞行参数。

距离：无人机与返航点水平方向的距离。

高度：无人机与返航点垂直方向的距离。
水平速度：无人机在水平方向的飞行速度。
垂直速度：无人机在垂直方向的飞行速度。
（13）地图缩略图标。点击该图标可快速切换至地图界面。
（14）智能返航。

：轻触此键，无人机将终止航线任务，即刻返航并关闭电动机。
（15）自动起飞/降落。

/ ：轻触此键，无人机将自动起飞或降落。
（16）直播。

：当出现直播图标时，表示当前航拍画面正被共享至 YouTube 直播页面。使用该功能前请确认移动设备已开通移动数据服务。

四、校对无线电、磁罗盘、加速度计

为保证任务能够安全进行，起飞前应结合飞行控制软件对无人机进行自动检测，确保无人机的 GPS、磁罗盘、空速管及其俯仰翻滚等状态良好，避免在航拍中发生危险。

（一）无线电调试

无人机上安装有视频采集设备、无线图像发射机、电池等。将无线图像发射机与电池固定在无人机底部，运用馈线将发射天线垂直安装在机尾（也可根据用户需求进行安装）。将无人机视频源与发射机连接，使其形成完整的无人机无线视频发射系统。

无人机无线视频发射机发射的信号通过地面无线图像接收平台接收，接收平台可以清晰地将无人机采集到的图像显示在显示屏上，也可通过平台外接口将视频信号传至其他显示/存储设备上。同时地面接收平台可内嵌网络传输模块，将视频信号运用网络传输方式传至后端中心站。

用软件定义无线电并不是一个全新概念，早在 20 世纪 80 年代初，国外就提出了完整的构想，由于当时限于 A/D 转换器和可编程器件的性能，所以实际电路工作频率很低，处理效果也不佳，但还是提出了概念和发展方向。通过数字信号处理技术，在通用可编程数字信号处理硬件平台上利用软件定义来实现无线电台的各单元功能，对无线电信号进行调制或解调以及测量。SDR 架构舍去了传统无线电电路中的所有硬件单元，包括变频、混频、滤波器、放大器、检波器、解调器等，是一种全新的架构和技术。理想的软件定义无线电 A/D 转换（模数转换）应尽量靠近天线，在通用数字信号处理平台上尽量用软件来实现无线电的各项功能。理想的无线电软件以单一芯片实现无线电所有功能，但限于器件目前的实际性能，在高端应用中硬件设备是由模块化、标准化的硬件单元以总线方式连接，构成可编程综合硬件平台。SDR 可以构成发射机和接收机，通过加载不同的软件完成各种制式信号的调制和解调。在对讲机电台中 SDR 架构的优势非常明显，过去一些需要通过复杂昂贵硬件来实现的无线电收发信号功能，如频谱显示、接收信号强度测量、多频段工作、跳频、特种调制解调、高强度加密等在软件中均能轻易地低成本实现，而且通过加载不同的软件可以方便地修改和增加不同功能。软件定义无线电是无线电台设备架构继电子管电路转向晶体管电路后又一次质的飞跃。

FC 数传电台使用前,部分参数必须进行初始化,需要初始化的参数:数据传输模式、16 个信道中部分或全部信道频率的设置、使用信道号、空中数据传输速率、地址参数的设置。FC 各型号的数传电台的初始化参数设置方法有两种:一是采用 DEMO 软件设置,将 DEMO 软件安装到 Windows 操作系统的计算机上,用电缆将计算机串口与电台相连,启动 DEMO 程序进行设置操作即可完成参数设置工作;二是用户将电台的设置命令嵌入用户开发的应用程序中,在系统启动时自动完成对电台的设置,也可在应用程序工作过程中,根据需要改变电台的设置,综合控制管理器软件的一般流程如图 3-2-11 所示。

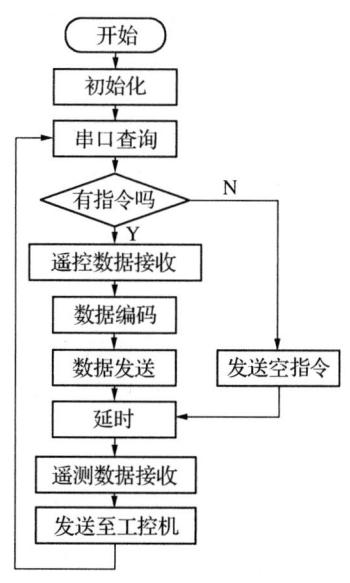

图 3-2-11 综合控制管理器软件流程图

(二)磁罗盘调试

请选择空阔场地,根据下面的步骤校准磁罗盘。若需查看更多关于磁罗盘校准的内容,请观看相关教学视频。

(1)进入 DJI Pilot App "相机"界面,点击左上角,选择"磁罗盘校准"。无人机状态指示灯黄灯常亮,代表磁罗盘校准程序启动。

(2)水平旋转无人机 360°,无人机状态指示灯绿灯常亮。

(3)使无人机机头朝下,水平旋转 360°,完成校准。

(4)若无人机状态指示灯显示红灯常亮,表示校准失败,请重新校准磁罗盘。

(三)加速度计校准

加速度计用来检测无人机受到的加速度大小和方向,而无人机静止的时候只受到重力加速度,所以很多人把加速度计功能又称为重力感应功能。

校准加速度计可以用飞行控制器软件进行校准。具体步骤如下:

(1)用 USB 数据线将飞行控制器和 PC 相连接。打开 CF 调整参数软件,将 Connect 连接飞行控制器,并且打开日志显示。

(2)把无人机放在水平平面上,点击主菜单的"Setup",然后再点击"Calibrate Accelerometer",直到日志显示成功就完成加速度计的校准。校准过程中不能移动无人机。

五、校对陀螺仪、IMU

陀螺仪的内部有一个陀螺,它的轴由于陀螺效应始终与初始方向平行,这样就可以通过与初始方向的偏差计算出实际方向。无人机中的陀螺仪实际上是一个结构非常精密的芯片,内部含有超微小的陀螺。陀螺仪的测量就是利用无人机与陀螺的夹角得出结果。

无人机陀螺仪的校准一般恢复设置即可,在软件里进行操作。

校准 IMU 的步骤如下:

打开无人机遥控器,连上 App,把无人机放置在水平的台面上。进入 DJI GO App,打开"飞行控制器参数设置"→"传感器"→"IMU 校准",校准过程中不能移动无人机,校准时长为 5~10min。

第三节 无人机维护和保养

一、维修工具的使用

固定翼、多旋翼无人机使用后,需要对无人机进行维护和保养,使用的工具通常有电烙铁、螺丝刀、剥线钳、剪钳、美工刀,它们的使用方法见"固定翼无人机组装常用工具及辅料"部分。

二、常见故障的处理方法

固定翼无人机常见故障的处理方法如下:

故障一 抛出无人机瞬间坠落。

处理方法:

(1) 选择最高起飞地形。目的是腾出无人机在抛出瞬间的飞行空间,使其不易撞到地面。

(2) 注意无人机起飞前的姿态。双手抓住无人机,无人机头部略向上 10°(仰角)。若仰角过大,则会空速失速,易坠机;若仰角偏小,地面与无人机距离较短,瞬间起飞空间小,容易坠落撞机;若头部朝下形成俯角,无人机会直接撞地。

故障二 飞行中坠机。

处理方法:

(1) 无人机失去重心。在起飞前认真将无人机调试到水平状态,水准气泡必须在中心位置,否则无人机重心偏向一侧易坠机。

(2) 无人机重量保持平衡。在组装无人机时,无人机的前后、左右重量均相同,误差越小,飞行越平稳;误差过大,飞行时舵机力度将无法保持无人机平衡,偏向一侧易坠机。

(3) 自动驾驶仪断电或重启。飞行前在地面测量动力电池的电量,动力电池严禁以快充模式进行充电,虚电电压易导致电力不足断电而坠机。

故障三 飞行中电动机失效（不转动）。

（1）电动机烧坏。电动机应定期检查或更换，起飞前检查电动机转动是否有异常声音或温度过高；专业测绘或航拍无人机需定期更换电动机，具体的更换时间应根据生产厂家的技术说明执行。

（2）电动机线路松动。此现象比较少见，往往由于生产工艺水平低下或马虎造成。

（3）启动应急措施。当发现在飞行中的电动机失效后应立即启动应急措施，利用飞行中的惯性用遥控器一键返航，操控升降舵使无人机安全落地再进行检修。

故障四 照相机拍摄途中停止拍照。

（1）相机内存卡容量不足。飞行前检查内存卡的空间余量。

（2）死机。照相机快门损坏或电动机损坏。

三、维护和保养注意事项

（一）固定翼无人机维护和保养注意事项

1. 机体维护。

（1）清理机壳，确保干净无污物。

（2）检查机体框架及其连接件，确保机头、机身、尾翼、机翼、起落架及它们的连接件无裂痕、断裂和明显变形，可用胶水、魔术贴进行修补。

（3）检查机体上的螺栓、螺丝、螺母、卡扣是否松动，确保所有器件紧固无松动，可再涂螺丝胶加固。

2. 桨叶维护。

（1）无人机不使用时，需将桨叶卸下存放好。

（2）确保桨叶表面干净、无污物。

（3）检查桨叶是否有开裂、破损及明显变形，若桨叶有这些现象，必须更换新品，以确保飞行安全。

（4）检查桨的紧固螺栓及螺母是否失效，若失效则换用新件。

3. 动力系统维护。

（1）使用无刷电动机时，检查电动机是否干净、无杂物。

（2）通电试听电动机在转动时发出的声音是否清脆有力，否则需要换用新件。

4. 拍照装置。

（1）检查照相机各按键功能是否正常。

（2）清洁镜头、镜片，开机检查像素清晰度是否达到最佳状态。

（3）检查照相机电池及充电器是否工作正常。

5. 线路检查。一般固定翼无人机线路都隐藏在机身内部，无法查看是否有破损现象，我们可以通过通电后检查所有系统能否正常工作来判定线路的工作状态。

（二）植保无人机维护和保养注意事项

1. 机体维护。

（1）作业完成后清洗药箱，并用湿毛巾擦拭机身上的药物残留。

（2）每次使用完毕后用清水将药箱、水泵、喷头冲洗至少3遍。

2. 桨叶维护。

(1) 用湿抹布将无人机上的桨叶擦拭干净。切忌将水洒到飞行控制器、电子调速器、插头及其他电子元器件上。

(2) 仔细检查无人机上使用的桨是否有裂纹、变形和折断迹象,若有,需立即更换,否则可能会引起植保无人机的飞行事故。

3. 动力系统维护。

(1) 电动机需要用金属防锈剂 WD-40 擦拭表面,切不可用尖锐物品接触电动机内部铜线。

(2) 检查各个螺丝松紧状况,T 头是否有松动。

(3) 折弯臂的植保无人机需检查折弯处线路是否被卡住或被折弯磨损的不良现象。

4. 喷洒系统。

(1) 检查水泵、喷头是否堵塞。

(2) 检查线路是否氧化,以及旋转碟固定情况。

5. 遥控器系统。

(1) 检查遥控器各个操纵杆、按键是否正常工作。

(2) 供电电池及充电器是否正常工作。

6. 线路检查。线路是否有破损,观察其受药水腐蚀状况。

四、电池的保养

锂聚合物电池是目前航拍市场常用的。锂聚合物电池具有能量密度高、更小型化、超薄化、轻量化,以及高安全性和低成本等多种明显优势,是一种新型电池。在形状上,锂聚合物电池具有超薄化特征,可以配合各种产品的需要,制作成任何形状与容量的电池,外包装为铝塑包装,有别于液态锂电池的金属外壳,其内部质量隐患可立即通过外包装变形而显示出来(如鼓胀),如图 3-3-1 所示。

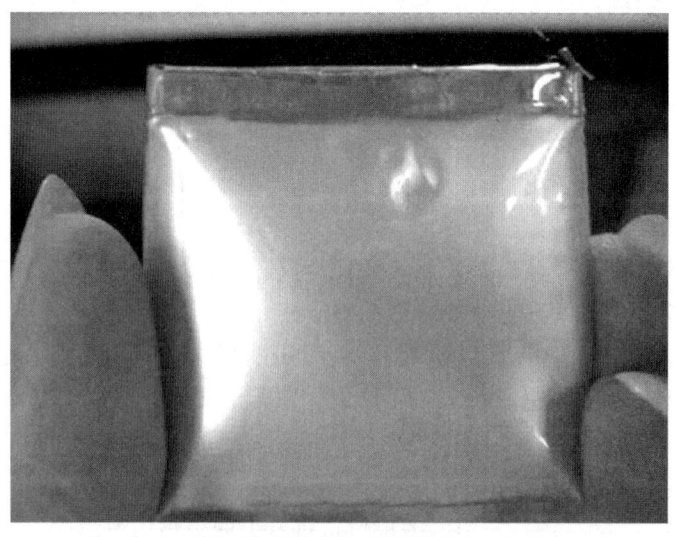

图 3-3-1 电池鼓包

锂电池基本参数：以一块22.2V 10 000mAh航拍动力电池为例，它由6片额定电压为3.7V、容量为10 000mAh的锂电芯串联而成，即常说的6S1P。另有6S2P安全系数比6S1P高，则是因为6S1P要比6S2P的结构简单。

（一）锂电池使用电压

航模用的锂电池中，单片额定电压为3.7V，指其平均工作电压，单片锂电池的实际电压为2.75~4.2V。锂电池上标注的电容量指4.2V放电至2.75V所获得的电量，即锂电池必须保持在2.75~4.2V这个电压范围内使用，如果电压低于2.75V则属于过度放电，锂电池会膨胀，内部的化学液体会结晶，这些结晶有可能会刺穿内部结构层而造成短路，甚至会让锂电池电压变为零。充电时单片电压高于4.2V属于过度充电，若继续充电会膨胀、燃烧。所以一定要用符合安全标准的正规充电器对电池进行充电，同时严禁对充电器进行私自改装，否则可能会造成严重后果。为了安全飞行，可将单片报警电压设为3.6V，如达到这个电压，或接近此电压，操控员就要马上执行返航或降落动作，做好安全防范措施，尽可能避免因电池电压不足而导致炸机。

（二）锂电池放电能力

锂电池的放电能力是以倍数（C）来表示的，即按照电池的最大标称容量可达到多大的放电电流。常见航拍用电池有15C、20C、25C或者更高C数的电池。关于C数，简单地说，1C针对不同容量电池是不一样的。1C是指电池用1C的放电率放电可以持续工作1小时。例如10 000mAh容量的电池持续工作1小时，那么平均电流为10 000mA，即10A，这个电池为1C。再如电池标有10 000mAh 25C，那么最大放电电流为10A×15＝150A，从此可以看出无人机在进行大动态飞行的时候，C数越高，电池就能根据动力消耗的瞬间提供更多电流支持，它的放电性能会更好。当然，C数越高，电池价位也会升高。这里要注意的是，千万不要超过电池的放电C数进行放电，否则电池有可能会报废或燃烧爆炸。

（三）正确使用锂电池

在电池的使用上要坚持"六不"，正确的使用方法能延长电池寿命，有以下几种：

（1）不过放。由电池的放电曲线可见，刚开始放电时，电压下降比较快，但放电到3.9~3.7V时，电压下降减缓。一旦降至3.7V以后，电压下降速度就会加快，控制不好就会导致过放，轻则损伤电池，重则电压太低造成炸机，如图3-3-2所示。有些模友因为电池较少，

图3-3-2 电池过放坠机

导致每次飞行都会过放,这样的电池寿命会很短。具体的对策:尽量少飞一分钟,飞行寿命就可多飞一个循环。多备几块电池,不要每次都将电池用到超过容量极限。要充分利用电池报警器,一旦报警就应尽快降落。

(2) 不过充。对于充电器也有要求,如果充电器在充满电后的断电功能不完善,导致单片电池充满到 4.2V 还不停止充电,或者有些充电器使用一段时间后元器件老化,出现充满不停止的问题,所以必须保证锂聚电池充电时要有人照看,当发现充电时间过长时,需人工检查充电器是否出现故障。如果出现故障要尽快拔掉电池,避免锂聚电池过充而影响电池寿命。另外,充电时一定要注意按照电池规定的充电 C 数或更低的 C 数进行充电,不可超过规定充电电流。

(3) 不满电保存。充满电的电池,不能满电保存超过 3 天,如果超过一个星期不放掉,有些电池就直接鼓包了;有些电池可能暂时不会鼓,但几次满电保存后,电池可能会直接报废。因此,正确的方式是接到飞行任务,将单片电池电压充至 3.8~3.9V 保存。如果充好电后因各种原因没有飞行,也要在充满电后 3 天内把电池放电到 3.8~3.9V 保存;如果 3 个月内没有使用电池,应将电池充放电一次后继续保存,这样可延长电池寿命。电池应放置在阴凉的环境下,长期存放电池时,建议环境温度为 10~25℃,且干燥、无腐蚀性气体。

(4) 不损坏外皮。电池的外皮是防止电池爆炸和漏液起火的重要结构,锂聚合物电池的铝塑外皮破损将会直接导致电池起火或爆炸。电池要轻拿轻放,在飞机上固定电池时,扎带要束紧。无人机在做大动态飞行或摔机时,电池有可能由于扎带不紧而甩出,这样也很容易造成电池外皮破损,如图 3-3-3 所示。

图 3-3-3　电池外皮损坏

(5) 不短路。短路往往发生在电池焊线维护和运输过程中,会直接导致电池打火或者起火爆炸。当发现使用一段时间后电池出现断线的情况需要重新焊线时,特别要注意电烙铁不要同时接触电池的正极和负极。另外,在运输电池的过程中,最好的办法是每个电池都单独套上自封袋,防止因运输过程中颠簸和其他导电物质碰撞引起破皮而短路。注意电池插头应选择防呆插头,也就是只能从一个方向插入,如果两面都能插入,会造成正、负极插反而让电池短路,如图 3-3-4 所示。

图 3-3-4 电池短路损坏

（6）不低温、不高温。锂聚合物电池充电时温度范围为 0～45℃；放电时温度范围为 －20～+60℃；长期贮存的环境温度范围为 －20～+35℃、相对湿度 45%～75%。在北方或高海拔地区常会有低温天气出现,此时电池如果长时间在外放置,它的放电性能会大大降低,如果还要以常温状态时的飞行时间飞行,那一定会出问题。此时应将报警电压升高(如单片报警电压调至 3.8V),因为在低温下压降会非常快,报警一响可立即降落。还要给电池做保温处理,在起飞之前要将电池保存在温暖的环境中,如房屋内、车内、保温箱内等。在起飞时快速安装电池,以执行飞行任务。在执行低温飞行任务时应尽量将飞行时间缩短到常温状态的一半,以保证安全飞行。

有些无人机电池放置在机舱内部,要做好通风降温工作,否则会因机舱内部温度过高,导致电池放电过快或引起燃烧爆炸事件或无人机坠落。

第四章 无人机典型工作任务训练

第一节 电力巡线作业训练

一、作业前准备

为了使无人机在操作飞行的过程中安全、高效、稳定,需要通过各个细节的把控,做到各项检查指标参数处于正常值或者正常值以上方可起飞。

飞行前不得忽略调试流程的任何一个细节,应对无人机的各个部件做相应的检查,只有在确保无人机无任何小问题的前提下,才能防止意外事故的发生。

(一)外观机械部分

1. 上电前应先检查机械部分相关零部件的外观,检查螺旋桨是否完好,表面是否有污渍和裂纹等(如有损坏应换用新螺旋桨,以防止在飞行中无人机震动太大导致意外)。检查螺旋桨旋向是否正确,安装是否紧固,用手转动螺旋桨查看旋转是否顺畅等。

2. 检查电动机安装是否紧固、有无松动等现象(如发现电动机安装不紧固应停止飞行,使用相应工具将电动机固定好),用手转动电动机主轴查看是否有卡涩现象,电动机线圈内部是否干净,主轴有无明显的弯曲。

3. 检查机架是否牢固,螺丝有无松动现象。

4. 检查无人机电池安装是否正确,电池电量是否充足。

5. 检查无人机的重心位置是否正确。

(二)电子部分

1. 检查各个接头是否紧密,插头不焊接部分是否有松动、虚焊、接触不良等现象(杜邦线、XT60、T插头、香蕉头等)。

2. 检查各电线外皮是否完好,有无刮擦脱皮等现象。

3. 检查电子设备是否安装牢固,应保证电子设备清洁、完整,并做好相应的防护措施(如防水、防尘等)。

4. 检查磁罗盘指向是否与无人机机头指向一致。

5. 检查电池有无破损、鼓包胀气、漏液等现象。

6. 检查地面站屏幕触屏是否良好,各界面操作是否正常。

(三)上电后的检查

1. 上电后,地面站与无人机进行配对,在点击地面站设置中的配对以前,先插电源负极,点击配对后插上电源正极,地面站显示配对即可。

2. 电池接插时应注意电路连接(串联电路还是并联电路),以免出差错,导致电池烧坏或者飞行控制器烧坏。

3. 对频成功以后,先不装桨叶,解锁轻微推动油门,观察各个电动机是否旋转正常。

4. 检查电子调速器提示音是否正确,LED指示灯闪烁是否正常。

5. 检查各电子设备有无异常情况(如异常振动、异常声音、异常发热等)。

6. 确保电动机运转正常后可进行磁罗盘的校准,点击地面站上的"磁罗盘校准",校准具体方法见无人机使用教程。

7. 测试飞行以及航线的试飞,观察在无人机走航线的过程中是否需要对规划好的航线进行修改。

8. 试飞过程中,务必提前观察无人机运行灯的状态,以及地面站所显示的GPS星数,及时做出预判。

9. 飞行的遥控距离为无人机左右两侧6~7m,避免站在无人机机尾的正后方。

10. 试飞完成后,根据当天天气情况和风速,通电让GPS适应当前气象情况,以便无人机在作业时能适应气象环境。

11. 起飞前必须确定GPS星数达到17颗或17颗以上以及确认周边情况后,方可起飞作业。

二、巡线作业

(一) 拍摄步骤

无人机起飞并切换到GPS模式后,主操控员操作无人机到达一定高度(略高于塔高)。

1. 塔身。斜向下45°进行拍摄。

2. 塔头。斜向下45°进行拍摄。

3. 通道。主操控员操作无人机靠近杆塔,并下降到适当高度,斜向下拍摄挡距下方环境。要求将目标杆塔(只需露出部分塔材)与通道方向相邻杆塔(全貌)置于屏幕对角线两端进行拍摄。

4. 金具。主操控员操作无人机抵近杆塔,以从下往上的顺序对目标塔进行拍摄作业,具体要求如下:

(1) 下挂点为挂板时,主操控员在保证无人机的安全距离状况下,以45°角在开口销侧对目标物进行俯拍,要求尽可能看到多的开口销;下挂点为重锤时,以垂直线路角度对目标物进行俯拍,要求尽可能看到多的开口销。

(2) 对于绝缘子,以垂直线路角度对目标物进行俯拍。

(3) 对于上挂点,以垂直线路角度对目标物进行俯拍。

(4) 对于金具挂点,以斜向下45°方向对目标物进行拍摄,要求看到尽可能多的开口销。

(5) 对于U形挂板,以与导线成45°角向杆塔方向对目标物进行俯拍。

(6) 对于防震锤,以与导线成斜下45°角对目标物进行俯拍或平拍。

5. 地线。主操控员操作无人机在地线高度对目标塔进行拍摄作业,具体拍摄要求如下:

(1) 对于地线挂点,以垂直线路角度针对开口销与顶部螺栓进行正拍。

(2) 对于防震锤,以与导线成斜下45°角对目标物进行俯拍或平拍。

6. 越塔。主操控员操作无人机上升到安全高度后进行越塔,在此过程中要不断调整航向,使航迹呈半圆弧形,让无人机达到目标塔的另一侧并正对目标塔地线位置。

7. 操作无人机自上而下对目标塔进行拍摄,要求同前。

8. 主操控员操作无人机下降至离地 3m 左右高度,对塔基、塔腿、杆号牌进行拍摄,具体要求如下:

(1) 对于塔基,应显示 4 个塔腿,不能有物体遮挡。当塔中间有遮挡物时,要求画面显示最少有 3 个塔腿不被物体遮挡,特殊状况除外。

(2) 对于塔腿,应针对接地下引线进行拍摄。

(3) 对于杆号牌,应与塔牌平视或正下 45°角进行拍摄。

9. 拍摄完成,主操控员操作无人机沿安全航线返航,返航过程中必须保持对尾飞行。

(二)注意事项

1. 成像要求清晰,尽量从顺光侧拍摄。

2. 拍摄目标尽可能充满整个画面,突出重点。

3. 整个飞行过程中,副操控员与后期人员须时刻观察无人机的安全距离并及时汇报给主操控员。

三、数据分析

数据处理步骤如下:

1. 复制。将当天所有照片从内存卡复制到电脑中,并复制一份到另一个文件夹留档备份,确认完成后将内存卡内所有照片删除。

2. 分塔。把所有照片根据杆塔号进行分塔工作。

3. 筛选。删除重复拍摄的照片,每个拍摄的目标物保留一张照片,保留的照片目标物清晰并在图片中间位置。若错删或者误删了照片,应在备份文件夹中找回需要的照片。

4. 重命名。按照规范的命名标准对所有照片进行重命名。

5. 找缺陷。仔细观察每张照片,观察目标物是否有销钉缺失、锈蚀、鸟巢等缺陷,发现缺陷后,把该照片中的缺陷标出并放入缺陷文件夹中。

6. 统计表格。按照模板每日完成当日的统计表格制作。

7. 后期交接。在项目完成后,把所有后期资料按客户要求放到存储介质中交给客户单位,切记保存一份资料留档。

四、作业后保养

(一)检查设备

1. 无人机飞行结束降落后,必须确保遥控器已加锁,然后切断无人机电源。

2. 飞行完后检查电池电量、无人机外观、机载设备。

3. 演示作业完成后应整理设备。

(二)电池维护注意事项

1. 锂电池长期不使用时应对电池进行放电处理。

2. 锂电池的满电电压不能超过 4.2V,过度充电可能导致电池鼓包甚至有爆炸的危险。

3. 锂电池充电时必须注意充电电流不能太大,不得超过电池规定的充电电流。

第二节 农业植保作业训练

一、作业前准备

(一)飞行环境确认

农业植保作业应选在晴天或者阴天,风速尽量在 5m/s 之内;气温在 20～30℃之内,高于 35℃应停止作业;内吸型农药施药后应保证 12h 内无降雨,一般化学农药应保证 24h 内无降雨,生物农药应保证 2～3 天内无降雨;提前关注作业前后天气情况,并避免雨水过重、雨天和暴晒天进行喷洒;周围无高大建筑物;作业区域都在可视范围内,远离人群、畜群。作业区域及附近无高压线、通信基站或发射塔等电磁干扰因素;周围应无机场、军警单位或其他敏感区域。图 4-2-1 所示为农业植保作业无人机的安全飞行准则。

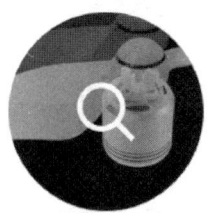
(a) 仔细检查螺旋桨和机身外观

(b) 确保电池、遥控器、移动设备电量充足

(c) 获得良好的GPS信号后再起飞

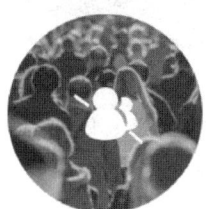
(d) 远离人群和建筑

(e) 远离电线、电塔和信号站

(f) 在视距范围内飞行

图 4-2-1 农业植保作业无人机的安全飞行准则

(二)植保无人机飞行前的检查与确认

飞行之前的详细检查是对飞行安全最大的保障。在植保作业前,只有对无人机的各项状态都做到仔细检查,才能减少乃至避免飞行事故的发生。

1. 遥控器以及飞行控制器部分。遥控器以及飞行控制器部分是无人机安全飞行的基本保障,一旦发生诸如摇杆模式错误就会出现起飞的低级错误,无论操控员技术如何精湛,也都有可能导致事故的发生。

(1) 遥控器摇杆模式。遥控器摇杆模式主要分为美国手摇杆模式与日本手摇杆模式,目前该两种摇杆模式我国都有大量人员在使用。要求同个队伍应尽量采用统一摇杆模式,这样就可以避免因为摇杆模式错误而导致的摔机事故。在同一个队伍内,如果同时存在美国手与日本手摇杆模式,那么操控员在飞行前准备时一定要确认自己所负责操作的无人机摇杆模式是否符合自身的操作习惯。同时,在更改摇杆模式后的第一次飞行、启动电动机时应压低油门杆,测试无人机已更改的摇杆模式是否成功。另外,大疆农业植保机以及其他无人机出厂时默认为美国手摇杆模式,所以使用日本手摇杆模式的操控员在新激活的植保无人机第一次飞行时一定要进行摇杆模式更改。

(2) 磁罗盘校准。磁罗盘的校准是保证植保无人机飞行安全的基本操作。如果发生以下情况,就应重新进行磁罗盘校准:① 无人机进行了长距离运输,如从江西运输到湖南进行作业;② 无人机进行了长时间的闲置;③ 无人机出现了磁罗盘异常的信号。磁罗盘的校准(图 4-2-2)应是一个合格操控员必须时常关注的问题,一定要避免因为没有进行磁罗盘校准而导致的飞行异常。

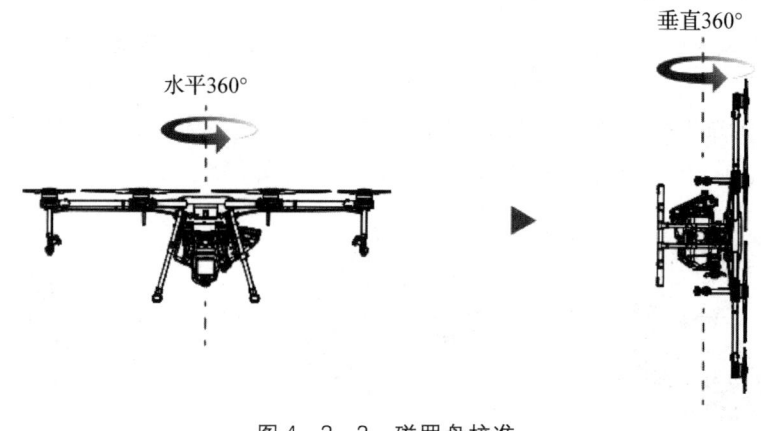

图 4-2-2 磁罗盘校准

(3) 调整软件参数。农业植保机出厂时,如横移宽度、失控设置、最大高度等参数都是默认配置的,操控员在进行作业飞行前一定要对软件参数进行调整,确认植保无人机的参数符合作业要求。

(4) 遥控器与无人机之间正确的接电与断电顺序。遥控器与植保无人机之间正确的接电顺序是,先接通遥控器开关,再接通无人机电源。因为在遥控器未开启的情况下接通无人机电源,无人机将处于失控状态。而断电的正常顺序是,先关闭无人机电源,再关闭遥控器开关。通过这样的操作才能保证无人机全程处于可控状态。

2. 机身部分。确保无人机电池、遥控器电池电量充足,喷洒所需农药充足;确保无人机电池已固定;确保所有部件安装稳固;确保所有连线正确牢固、准确;确保电动机和螺旋桨安装正确稳固,且能正常工作,所有机臂和螺旋桨均已完全展开,机臂套筒已锁紧;确保喷洒管道无堵塞。测试喷头能否正常工作,若喷头无法正常工作,可能是管道内有气泡而导致的。将喷头侧面的泄压阀旋开,使液泵处于工作状态,排出气泡后旋紧泄压阀,即可使喷头正常工作。

3. 操控员要求。植保无人机操控员应养成并保持细心、注重细节、吃苦耐劳、注重检查的良好习惯,把每一次飞行当成第一次飞行,小心谨慎地做好每一次起降作业。操作植保无人机必须掌握多旋翼无人机的基本结构、原理、简单故障排除方法,这样才能够清楚了解无人机的使用与维护。另外,操控员还应掌握高于实际飞行要求的飞行能力,如常见的植保作业全程都是对尾飞行状态,但操控员应熟练掌握多旋翼无人机的四面悬停操作,这样才能在无人机出现突发状况时及时处理和应变,保证无人机安全降落。

（1）操控员的理论知识要求。植保无人机操控员应熟练掌握多旋翼无人机的结构和原理、飞行控制组成部分、动力系统构成、安全飞行知识、设备使用知识、植保作业常识、安全防护知识、常见的病虫草害、常见的农用药剂等基础知识。这样的操控员才能够领导团队进行独立作业，避免发生一些常识性的错误，提高作业效率。

开始作业飞行前应当完成的工作步骤，包括：作业区的勘察；按照农药包装及使用说明，安全处理有毒药品的知识、要领和正确处理使用过的有毒药品容器的办法；作业完成后，在作业区域标注"已喷洒农药，进入或接触危险"等标志。而农药与化学药品对植物、动物和人员的影响和作用，重点在于计划运行中常用的药物以及使用有毒药品时应当采取的预防措施；作业中操控员必须穿戴防护服、口罩、手套、雨鞋等保护装备；明确植保无人机的飞行性能和操作限制，严格按照 MG-1 使用说明书进行飞行与操作，按照使用说明书进行安全飞行和完成作业程序。

（2）操控员的操作技能要求。植保无人机操控员应掌握高于实际飞行情况的技术能力，如姿态模式下四面悬停、矩形航线、直线横移往复飞行。姿态模式相比于 GPS 模式没有了定点悬停功能，会不断地进行飘移或者随风飘移，所以飞行难度增加。只有通过对姿态模式飞行方式的训练，才能够提升操控员的操作校正能力，一旦无人机发生 GPS 信号丢失以及其他突发情况，也能顺利地将无人机降落下来。飞行技术熟练的操控员甚至完全可以在以下姿态模式下进行作业：

① 四面悬停操作。它可以锻炼操控员在无人机不同角度下的应变能力。通常飞机的操作模式与人的动作是一致的，即拉杆向前，飞机向前飞，但是无人机飞行实际操作时，无人机的朝向不同，其控制方式也不同。例如，在对头模式下，拉杆向前，无人机反而更加靠近操控员，所以有必要进行练习和掌握。

② 逆时针矩形航线操作。这是在四面悬停的基础上难度更高的操作模式，可以增加操控员的空间感和方向感，而直线横移往复飞行则是模拟实际作业的路线，考验操控员的实际作业航线高度和直线度准确性。

（3）操控员的其他要求。时刻了解植保无人机的特性，不可将无人机飞行到人员上方，不可接近高速旋转中的无人机；飞行过程中应集中精力，不得接打电话，勿与周边人员闲聊；在飞行作业前 8h 内禁止饮酒，禁止在醉酒情况下操作无人机；如因病需要服用具有致幻、嗜睡等副作用的药物，在副作用未消除前，禁止操作无人机进行作业；应清楚无人机在空中停机可能造成的后果，严禁空中停机操作。

二、农田测绘

农田测绘工作主要以 GPS 测亩仪为主完成测绘。测绘的方式多以人工围绕田块走一圈，对田地的边界进行测量。对于可以上传航线的无人机，需要在 App 上描绘田地的特征点，以确保飞机不超出田块。具体测绘方式以各大无人机厂商的测绘说明为主，本节不做赘述。

三、配药操作

（一）药液的过滤

目前的农业植保无人机主要使用压力式喷头进行喷雾。压力式喷头对药液的粒径有一定的要求,如药液粒径太大,则会造成喷头堵塞。所以,在进行药液调配时,应选择清洁干净的水源,调配完成后应使用100目以上的过滤网进行初过滤,然后才能装入药箱进行作业。

在大疆 MG-1S 的过滤系统中,在药箱与水泵的连接处以及喷头上方都有一个过滤网,由三套过滤系统共同保证喷头的正常作业,如图 4-2-3 所示。

图 4-2-3 常见的植保无人机过滤系统

(二)药液的调配

药液的调配应考虑两个因素,分别是所使用农药的亩用量以及亩用水量。农药的亩用量就是农药的实际使用量,而亩用水量则是指混合药液的实际喷洒量。例如,某杀虫剂每亩用量50mL,如果以人工作业方式,一般会选择每亩用水50L,那么实际调配应该在50mL农药中加入49.95L清水来进行稀释,农药与药液的比例是1:1000。传统的人工作业方式用水量很大,农药稀释比例也较大。而如果是以植保无人机的超低容量植保作业方式,则每亩使用0.6~1L药液,以每亩用药0.8L为例,那么实际的调配应在50mL农药中加入0.75L清水进行稀释,农药与药液的比例是1:16,可见植保无人机药液浓度较高。通常采用二次稀释法进行稀释,按下列顺序加入药剂:叶面肥、可湿性粉剂、悬浮剂、水剂、乳油,每加入一种药剂后应充分搅拌混匀再加入下一种。二次稀释法就是先用部分水将药剂配制成母液,然后再补足所需的水量搅拌均匀。

以一款植保无人机为例,某种药剂每亩用药为50mL,每亩用药液为0.8L,而该款植保无人机总容量为10L,那一箱药液可作业12.5亩,农药总用量为625mL,另外再加入9.375L清水进行稀释。计算过程如下:

(1)每亩用药为0.8L,容积为10L,一箱药液可作业亩数为:

$$10L(总容积) \div 0.8L(每亩用量) = 12.5(亩)$$

(2)农药使用量为:

$$12.5(亩) \times 50mL(每亩用量) = 625mL$$

四、喷洒作业

(一)飞行高度与喷幅的关系

植保无人机的压力式喷头普遍采用扇形喷洒方式,所以在一定高度范围内,随着高度的增加其喷幅也会相应地增加,如图 4-2-4 所示。当无人机达到一定高度后,喷雾受风力影响较大,喷幅不再呈比例增加。作业高度过低会造成喷幅过小,而飞行高度过高则会造成药雾飘移、蒸发增加,降低作业效果。

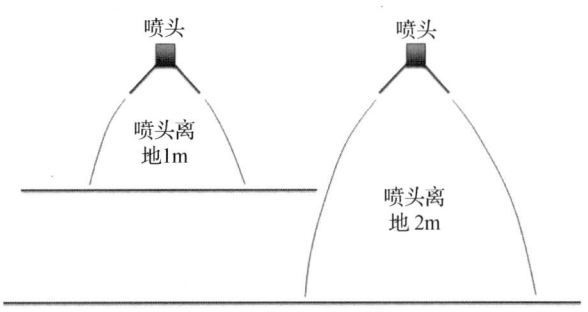

图4-2-4 飞行高度与喷幅的关系

1. 飞行速度直接决定了作业速度。我们以飞行速度为5m/s,飞行高度为2.5m,喷幅为5m来进行分析,无人机每秒作业面积为5m(喷幅)×5m/s(速度)=25m²,那么每分钟的作业面积为25m²×60s=1 500m²。

2. 无人机飞行速度与作物的类型密切相关(图4-2-5)。作物的叶片越浓密,植保无人机喷雾作业的穿透性就越低,作业时就应降低飞行速度以提升喷雾的穿透力;作物相对比较稀疏,就可稍提高速度。比如作物为生长中期的小麦或者水稻,可采用4~5m/s的速度进行作业;喷雾对象为生长中后期的高秆作物,如玉米、高粱,可相应地降低作业速度至3~4m/s;对于2~3m高的果树进行喷雾作业,可根据情况降低速度至2~3m/s。

图4-2-5 药液穿透性

(二) 综合应用分析

应用案例 已知作业对象为生长中后期的小麦,准备使用某杀虫剂进行预防,该杀虫剂亩使用量为50mL。现准备使用MG-1S无人机进行作业,该如何选择作业参数?如何配药?

(1) 确定作业高度:MG-1S无人机的最佳作业高度为2.5m,在该高度下喷幅为5m,可设定横移距离为5m。

(2) 确定作业速度:飞行速度选择5m/s,可知其每分钟作业速度为5m(喷幅)×5m/s(速度)×60s=1 500m²,每亩面积为667m²,MG-1S无人机每分钟的作业面积约等于2.25亩。

(3) 确定喷洒速率。每分钟作业面积为2.25亩,每亩喷洒量为0.7L,每分钟喷洒量为2.25(每分钟作业亩数)×0.7L(每亩用量)=1.575L,由此可知MG-1S无人机的喷洒速率可设置为三挡,最低为每分钟1.2L,最高为每分钟1.7L。

(4) 确定如何配药。每亩用药为50mL,每亩用药水混合物为0.7L,农药稀释比为

1∶14，MG-1S无人机容积为10L，农药总药量为10L（总容积）×(1/14)≈0.71L，即配药时需加入0.71L农药。

（5）所有参数总览。作业高度5m，喷幅5m，作业速度5m/s，喷洒速率第三挡，每箱用药0.71L。

（三）作业航线规划

操控员应尽量处于风向的垂直两侧，禁止处于下风向。当耕地较小，只有一人进行作业时，应注意不要处于下风向；当耕地较宽，有助手进行报点作业时，操控员与助手一定要处于风向的垂直两侧，避免吸入药雾。

操控员应尽量处于障碍物一侧，有助于避免与障碍物发生碰撞，当作业区域一侧有障碍物，而其他侧没有时，可将起飞地点设在障碍物一侧，这样操控员对于障碍物的存在就可以做到心中有数，不至于发生碰撞。

1. 喷洒限制。

（1）实施喷雾作业时，应当采取适当措施，避免喷洒的农药对地面的所有人员、其他物种和财产造成危害。

（2）严格按照农药包装使用说明书上的用量与操作规范进行配药、稀释、加药。

（3）更换农药品种作业时应在喷雾系统清洗干净后，方可进行下一种农药的喷雾作业。

（4）作业完成后应将所有农药包装及其他各种使用过的物品集中带回并进行专门处理，不得随意丢弃。

2. 喷洒记录保存。农林喷洒作业完成后，操控员应立即记录并保存下列有关内容：

（1）服务对象的名称、地址、作业面积等。

（2）服务日期、喷洒过程中MG-1S无人机的运行情况。

（3）每次作业飞行所喷洒农药的品种与用量等。

（4）每次执行农林喷洒作业飞行任务的操控员姓名、联系方式和合格证编号，以及通过知识和技术检查的日期。

五、作业后保养

无人机的任何部件的微小变化都可能会影响飞行安全，妥善地维护和保养能有效保障植保无人机的工作性能。

（一）喷雾系统

1. 整体系统。作业完毕后应对整体喷雾系统进行清洁。具体实施方法：可以将干净的清水注满药箱，开启水泵，以最大流量冲洗整套喷雾系统，单日作业后应清洗2～3次以上。每日清洗可减少药物残留，有利于整个喷雾系统的畅通。

2. 过滤网。每天作业后应取下过滤网进行清洁，以保障过滤网畅通，如过滤网堵塞无法处理，应及时更换。

3. 软管与喷头。长期在恶劣环境下使用，有可能导致软管老化以及软管接头处松脱，需及时更换。

4. 压力泵。在药箱已经没有药液的情况下，一定要及时关闭压力泵，请勿长时间空转,否则有可能导致压力泵损坏。压力泵进液口必须配有过滤网,且此过滤网必须定时清洗。压力泵在长期存放前,必须清洗后放置。必须定时检查压力泵的电源线插头是否牢靠。

5. 药箱。应定期取出防涌装置,对药箱进行彻底清洗,保证药箱清洁。

(二)动力系统

1. 螺旋桨。螺旋桨如断裂或破损应及时更换,并且要成对更换;螺旋桨如无法夹紧或产生垂直方向上的晃动,应更换其垫片;更换螺旋桨时,应注意区分正反桨。

2. 电动机。每次使用后应清理电动机转子表面的附着物;每月应在卸下螺旋桨后进行电动机动平衡检查;若发生电动机动平衡较差、轴承异响等问题时,应更换电动机;当电动机使用超过200h(严酷工作条件下),应更换电动机。

3. 锂电池。新电池使用前,必须确认电量充足;新电池避免大电流充电,建议以慢充形式充电;避免电池深度放电,单片电池电压应高于3.6V;电池长期不使用时,应保持单片电池电压为3.85V,应每月进行一次完整的充放电;电池存放环境保持干燥,温度控制在0~40℃;禁止电池满电存放超过7天,在充满电未使用的情况下,应尽量在3天内进行放电;避免电池长期使用快充形式充电,应定期以慢充形式进行充电,以保证电池的电压平衡;电池严禁抛投,避免掉落、碰撞,否则会造成电池变形乃至失效。

4. 插头与控制线路。应定时检查磁罗盘、雷达等插头的连接情况;应定时检查插头的腐蚀情况,如发生打火腐蚀,应及时更换;应定时检查控制线路连接是否正常,是否发生破损、挤压;电池与植保无人机之间的插头对插应准确快速,禁止插反,禁止不完全插入、缓慢插入;电池与植保无人机之间的插头对接时,应先接电池通信接口,再插XT90接口;电池与无人机插头避免进水,如因工作不小心或者下雨导致进水应迅速擦干,插头在有水的情况下严禁通电,否则极易造成插头腐蚀乃至影响飞行安全;电池插头、平衡头与无人机插头严禁混入药液,农药多为酸碱性液体,导电性能高于水并且具有腐蚀性,如果插头及平衡头混入药液,应迅速用湿抹布擦拭,再用干抹布擦干。

(三)机身

当环境温度变化较大时,应重新锁紧电动机座、脚架、作业箱固定件锁紧螺丝;固定螺丝发生生锈、滑牙等情况应及时更换;定期清理机身进气口过滤网,每年至少更换一次;每次使用后都应用湿抹布擦拭无人机,禁止用水管或者水枪直接对无人机进行冲洗;非作业时避免阳光直射无人机;定时观察机臂折叠处的线缆套网是否磨破,观察机身上下壳配合度是否正常,如机身配合不正常,则有可能导致水以及灰尘进入;严禁遮挡GPS信号,以免影响无人机飞行安全。

(四)飞行控制器以及固件

应定期连接软件对固件进行升级,以确保无人机工作在最佳状态。第一次飞行或者操作一架陌生的植保无人机时,请检查飞行控制器固件以及调试软件设置,以明确无人机的实时状态,如无人机飞行状态不佳,则连接植保无人机至调整参数软件,以检查无人机静止状态下IMU的加速度模值以及陀螺仪模值是否在合理范围内;第一次飞行或者操作一架陌生植保无人机时,请连接手机DJI GO软件,检查遥控器有无固件需要更新以及摇杆模式是否符合自身需要。

(五) 遥控器

工作完毕后,应及时清洁遥控器,保持遥控器干燥、清洁;注意观察遥控器电量,应避免遥控器在低电量的情况下工作;应定期对遥控器进行摇杆校正,保持操作稳定性。

第三节 航测航绘作业训练

近年来,随着国家遥感、测绘技术的迅速发展,无人机低空摄影测量技术逐渐应用于国家基础测绘、数字城市建设、生态环境监测、国土资源治理等领域。无人机低空摄影测量技术具有快速高效、机动灵活、分辨率高、处理速度快、运行成本低等特点。

无人机低空摄影测量技术系统主要包括空中摄影系统、地面控制系统、数据处理系统三部分。空中摄影系统主要包括飞行平台、数码相机和自动驾驶仪,用来完成空中测量摄影工作。地面控制系统主要由地面运输、无人机地面控制和数据接收与交换组成,用来完成无人机控制、数据信号接收工作。数据处理系统主要包括航线设计、影响质量检查和数据后处理软件,用来完成摄影测量工作前期航线制定和后期数据处理工作。

一、作业前准备

(一) 确定无人机机型

确定测绘任务中的具体项目需求,从而选择合理的无人机低空摄影设备的型号。多旋翼无人机在倾斜摄影和小面积测绘时使用,一般工程测绘则选用固定翼无人机。

(二) 测区分析

测区位于某地,属东南沿海低山丘陵区,地势东南高、西南低。四周有海拔 500m 以上的中低山环绕,中西部是以建溪、松溪为主轴的河谷平原、丘陵与串珠状的山间盆谷,形成以水侵蚀为主的地貌。

(三) 航测精度要求

本训练项目摄影获取的影像用于制作地面三维模型,成图精度指标按相关标准进行。在没有明确成图精度指标需求时,可以依据经验选取,训练中采用的影像地面分辨率(GSD)为 10cm。

本训练项目主要依据表 4-3-1 的国家标准和行业规范执行。

表 4-3-1 本训练项目的航测要求(国家标准和行业标准)

序号	标准名称	标准代号
1	《全球定位系统城市测量技术规程》	CJJ73—97
2	《航空摄影技术设计规范》	GB/T19294—2003
3	《城市测量规范》	CJJ8—99
4	《1:500、1:1 000、1:2 000 地形图图式》	GB/T7929—1995
5	《1:500、1:1 000、1:2 000 航测内业规范》	GB7930—87
6	《数字测绘产品检查验收规定和质量评定标准》	GB/T18316—2001

续表

序号	标准名称	标准代号
7	《地球空间数据交换格式》	GB/T17798—1999
8	《1∶500、1∶1 000、1∶2 000 地形图航空摄影测量数字化测图规范》	GB15967—1995
9	国家测绘局《GPS辅助航空摄影技术规定（试行）》	—
10	《国家三、四等水准测量规范》	GB 12898—91
11	《数字测绘产品质量要求第1部分：数字线划地形图，数字高程模型质量要求》	GB/T17941.1—2000
12	《1∶500、1∶1 000、1∶2 000 航测外业规范》	GB7931-87
13	《测绘产品检查验收规定》	CH1002—95
14	《测绘产品质量评定标准》	CH1003—95
15	《1∶500、1∶1 000、1∶2 000 地形图数字化规范》	GB/T17160—1997

（四）方案设计

测区面积约 2.67km²，地形主要以丘陵为主，平均海拔约 340m，最高约 472m，最低约 208m。根据甲方作业需求，本次飞行方案设计地面分辨率为 10cm，相对航高 513m，航向重叠 80%，旁向重叠 70%，共设计 1 架次飞行作业。本次飞行任务采用大重叠度飞行方案，目的是后续建立三维建模。

二、规划航线

（一）飞行高度的确定

根据成图比例尺的要求，选择合适的地面采样距离。根据所选择的地面采样距离，利用相机的焦距和像元尺寸得到相对航高。相对高度与基准面之和，即为无人机飞行的高度。

$$H = GSD \cdot f/p$$
$$H_o = H + h_\text{基}$$

式中，H_o 为无人机的实际飞行高度；H 为相对航高；GSD 为采样距离；$h_\text{基}$ 为基准面；f 为焦距；p 为像元尺寸。

（二）航向间距与旁向间距的确定

$$L_x = (1 - P_x) \cdot L \cdot GSD$$

$$L_y = (1 - P_y) \cdot W \cdot GSD$$

式中，L_x 为航向间距；L_y 为旁向间距；L 为数码影像的长度；W 为数码影像的宽度；P 为重叠率。

测区平均飞行高度约为 757m，根据测区内最高点和最低点高程，计算可得实际获取影像的 GSD 为 5.6~10.7cm，满足设计需求。测区航线规划图如图 4-3-1 所示，规划航线立体显示图如图 4-3-2 所示。

图 4-3-1　测区航线规划图

图 4-3-2　规划航线立体显示图

三、数据采集

（一）飞行参数

硬件设备我们采用飞马智能航测系统 F1000 进行航摄,具体参数见表 4-3-2。

飞马智能航测系统 F1000 采用手抛自动起飞,由于作业区域地形环境复杂,采用伞降回收。全程自主飞行,姿态平稳,飞行过程监控各飞行参数均正常,巡航时速度基本稳定在 60km/h,三姿角度偏差<5°,飞行时间共计 30min,飞行里程为 31km,返航后剩余电量为 65%。

整个任务共完成 394 张原始影像拍摄,并现场通过无人机管家软件智检图进行数据质量检查,共用时 9min,确认全部影像合格可用,整个飞行作业圆满完成,现场工作照如图 4-3-3 所示。

表 4-3-2　飞马智能航测系统 F1000 航摄参数

航摄时间	2016-07-23
航摄像机	SONY—α5100
像元大小	3.9μm
镜头焦距	20mm
相对航高	513m
地面分辨率	0.1m
快门速度	1/1 250s
光圈大小	2.8~4
ISO	200
飞行里程	31km
飞行时间	30min
拍摄相片	394 张

图 4-3-3　现场工作照

(二) 飞行姿态

统计飞行姿态角,见表 4-3-3 的飞行姿态统计表。

表 4-3-3　飞行姿态统计表

单位:(°)

姿态角	横滚	俯仰
均值	4.327	1.838
中误差	0.767	0.952

注:考虑飞行时航线的方向性,角度统计时均以绝对值计算。

CH/Z 3005—2010《低空数字航空摄影规范》中指出,相片倾角一般不大于 5°,最大不超过12°,出现超过8°的片数不多于总数的10%;相片旋角一般不大于15°,在确保相片航向和旁向重叠度满足要求的前提下,个别最大旋角不超过30°,在同一条航线上旋角超过20°的相片数不应超过3张,超过15°旋角的相片数不得超过分区相片总数的10%。可见,飞马智能航测系统F1000飞行姿态符合规范要求。

(三) 质检报告

无人机管家软件智检图工程示意图如图4-3-4所示。

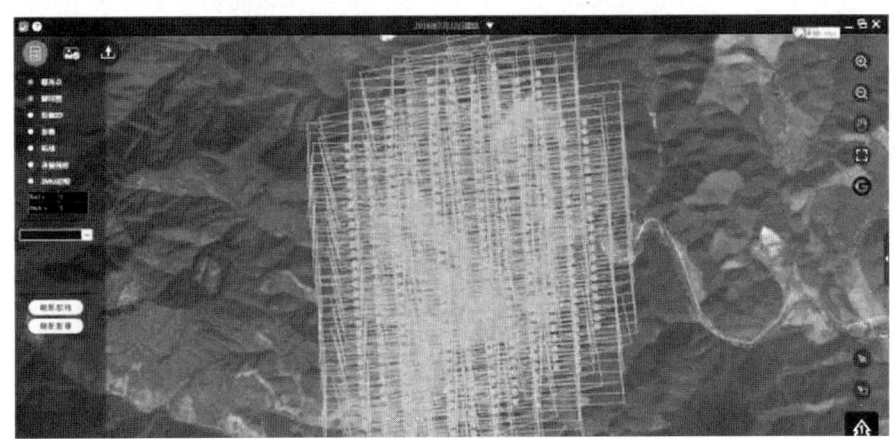

图4-3-4 智检图工程示意图

由以上资料我们可以得到的无人机数据质检报告见表4-3-4。

表4-3-4 无人机数据质检报告

工程概况	
工程名称	2016年7月22日建瓯
作业时间	2016-07-23 10:46:01
实测面积	5.41km^2
相机名称	SONY—α5100
平均地面分辨率	0.09m
坐标系统	UTM zone 50N
处理时间	551s
匹配平差	
参与计算片数	394
平差情况	393个成功,1个失败
匹配像素点	27 828
每张影像像素点数	70
匹配点度分布数	2度点:3 593个 3度点:3 776个 4度点:3 314个 5度点:2 775个 5+度点:14 370个
匹配点平均高程	279.85m

影像预览图如图4-3-5所示,原始影像图如图4-3-6所示。

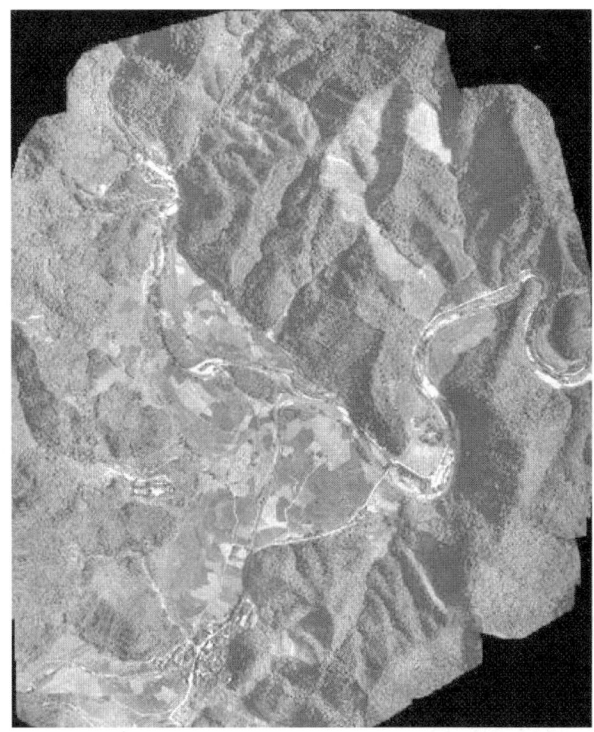

图4-3-5 影像预览图

图4-3-6 原始影像图

四、三维建模

(一)空三加密

采用无人机管家智拼图进行空三加密处理,直接导入智检图工程,经过测区构建、自动匹配连接点、空三加密、影像匀光匀色、正射纠正、影像镶嵌等处理,完成点云、数字高程模型

(DEM)、数字正射影像图(DOM)数据提取。

无人机管家智拼图的 DEM 成果如图 4-3-7 所示,DOM 成果如图 4-3-8 所示。

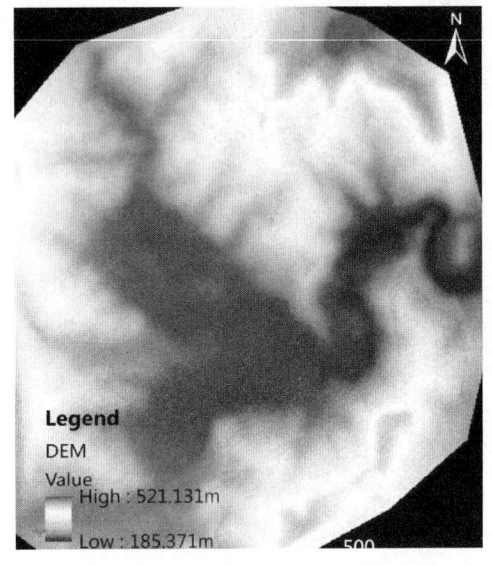

图 4-3-7　DEM 成果　　　　　　　　图 4-3-8　DOM 成果

(二) 精度检核

本项目选用飞马智能航测系统 F1000 快速获取地面三维模型。实施过程中,未专门布设地面控制点,将智拼图中生成的 DOM 影像叠加到 Google 卫星影像上,可见影像不存在扭曲变形,与卫星影像接边处道路等特征地物基本对齐,自由网平差结果一致性较好。DOM 影像叠加 Google 卫星影像显示效果如图 4-3-9 所示。

图 4-3-9　DOM 影像叠加 Google 卫星影像显示效果

(三) 数据预处理

将原始影像和 POS 数据导入无人机管家后,在智理图模块中对影像进行畸变差纠正和匀光匀色处理,在智拼图模块中进行空三处理并输出精化后的 POS 数据,经过预处理后的影像色彩一致性好且消除了畸变差,有助于后续步骤中生成定位准确、纹理特征更好的三维模型数据。

(四) 数据导入建模软件

三维建模采用 Smart 3D 软件进行,将空三后得到的外方位元素、相机参数以及纠正后的影像导入 Smart 3D 软件进行三维建模。三维模型叠加纹理显示效果如图 4-3-10 所示,三维模型、叠加纹理及点云效果图如图 4-3-11 所示。

图 4-3-10　三维模型叠加纹理显示效果

图 4-3-11　三维模型、叠加纹理及点云效果图

五、作业后保养

测绘无人机是一种长期、重复使用的工具,在多次使用后,一些重要设备容易出现问题。无人机作为一个高度自动化和集成化的飞行系统,除了要按照正确的方式操作和使用以外,日常的维护和保养也是至关重要的。

（一）典型问题

1. 再次飞行的时候发现零配件缺失，导致无法飞行。
2. 组装过程中发现无人机有损坏的地方。
3. 飞行过程中经常出现发动机熄火、电池异常，甚至在飞行中出现过无人机解体的情况。

（二）问题出现的原因

1. 在无人机飞行后没有将零部件和工具归位，导致再次飞行时缺东少西。
2. 没有规范管理，回收后的测绘无人机没有固定的存放位置，导致每次飞行前都需要重新收拾零件和工具以及其他辅助设备。
3. 在飞行后没有对无人机进行全面彻底地检查，不能及时发现在使用中造成的损坏。
4. 由于起降场地条件差，测绘无人机极容易在起降过程中因为冲击大造成不容易从外表发现的局部损伤。

（三）问题的解决方法

1. 制定好规范，实行工作环境问责制，可有效地减少问题的发生。
2. 飞行后都应该对无人机本身进行全面细致的检查，及时发现并处理隐患。
3. 重要的设备需要定期检修，避免因长时间使用造成的损坏。

（四）常见故障的排除

以固定翼无人机为例，发动机、电源和结构连接是需要重点监控的部分。

1. 使用一段时间后发现发动机经常出现熄火、转速不稳、拉力下降等现象，经反复调整无效后对发动机进行拆解，发现由于长时间处于不佳工况，发动机严重积碳，导致火花塞堵塞而断火；化油器滤网没有定期清洗，堵塞严重，导致供油不足。
2. 电源问题。无人机飞行时间长，环境震动大，对电池组的耐用性要求很高，加上缺乏常识，飞行间隔时间不固定，电池经常满电存储，造成电池性能下降很快。
3. 测绘无人机的连接部分由于经常拆装和震动冲击，容易造成老化损坏。

（五）维护和保养

在外人眼里光鲜亮丽、实则枯燥乏味的无人机操控工作，尤其是飞行以外的维护和保养工作，如果仅靠个人的兴趣和自觉，是很难日复一日、年复一年地坚持做下去的。为了避免长时间重复工作造成的懈怠，应有一套严格的、方便操作的维护流程，同时强化自身的责任心也是不可缺少的。

六、补充分析

（一）效率分析

实地飞行测试，上午 6:10 左右出发，7:40 左右到达现场。根据现场情况及测区范围信息规划航线，8:00 无人机起飞，8:30 降落，共计获取原始影像 394 张，覆盖面积 4.85 km^2。

在飞行时间 30min 内获取 4.85 km^2 的三维影像原始数据，高效的数据获取能力，体现出无人机航测航绘在快速三维建模领域的巨大潜力。

（二）结论分析

本训练作业区域为典型山区地形，植被覆盖茂盛，传统人工调查难度较大，利用无人机极大地提高了作业率,同时无人机获得的高分辨率影像数据能够更加直观地体现测区的真实现状。

测区地处山区,地形起伏大,光照条件差异明显,经过无人机管家匀光匀色处理后的DOM影像色彩均匀,不存在明显接缝,且DOM内部一致性好,不存在扭曲、地物重影、拉花的现象。

经无人机管家预处理后,得到匀光匀色且无畸变的影像数据和精化后的POS数据,为后续快速三维建模处理提供了高质量的输入数据。

本训练作业中,采用航向80%、旁向70%的大重叠度飞行,数据经Smart 3D处理后得到测区高精度三维模型。虽然本次训练未依靠大重叠度覆盖的数据,建立的测区三维模型在建筑密集区也获得了较好的成像效果。

七、补充知识

无人机低空摄影测量技术的工作流程:测量区域航线规划—控制无人机按照航线进行拍摄作业—存储拍摄数据—与地面控制系统实现数据交换处理—飞行任务结束无人机降落—根据数据资料选择是否进行补拍—完成无人机低空摄影测量。

第四节　航拍及后续处理

一、作业前准备

飞行安全的定义:飞行安全是指航空器在运行过程中,不出现由于运行失当或外来原因而造成航空器上的人员或者航空器损坏的事件。事实上,由于航空器的设计、制造与维护难免有缺陷,其运行环境包括起降场地、运行空域、助航系统、气象情况等又复杂多变等原因难免会造成机组人员操纵出现失误,导致坠机。因此,在放飞无人机之前,准备工作特别重要。

无人机飞行前注意事项:

1. 飞行前进行全面的设备检查。

(1) 清理机壳,确保干净、无污物。

(2) 检查机体框架及其连接件,确保机头、机身、尾翼、机翼、起落架及它们的连接件无裂痕、断裂和明显变形,如有上述情况,可用胶水、魔术贴进行修补。

(3) 检查机体上的螺栓、螺丝、螺母、卡扣是否松动,确保它们紧固、无松动,可再涂螺丝胶加固。

(4) 检查桨叶是否有开裂、破损及明显变形,有这些现象的桨叶必须更换新品,确保飞行使用安全。

(5) 检查照相机各按键功能是否正常,清洁镜头镜片,开机检查像素清晰度是否达到最佳状态。

(6) 检查遥控器各个操纵杆、按键是否正常工作。

2. 确保设备电量充足。锂聚合物电池是目前航拍市场常用的电池。锂聚合物电池具有能量密度高、更小型化、超薄化、轻量化,以及高安全性和低成本等多种明显优势,是一种新型电池。在形状上，锂聚合物电池具有超薄化特征，可以配合各种产品的需要，制作成任何形状与容量的电池，外包装为铝塑包装，有别于液态锂电的金属外壳，内部质量隐患可立即通过外包装变形而显示出来，比如鼓胀、漏液等。

锂聚合物电池必须保持在 2.75~4.2V 电压范围内使用，如果电压低于 2.75V，则属于过度放电，锂聚合物电池会膨胀，内部的化学液体会结晶，这些结晶有可能会刺穿内部结构层造成短路，甚至会让锂聚合物电池电压变为零；充电时单片电压高于 4.2V 属于过度充电，若继续充电会膨胀、燃烧。所以一定要用符合安全标准的正规充电器对电池进行充电，同时严禁对充电器进行私自改装，这可能会造成很严重的后果。

为了安全飞行，可将单片报警电压设为 3.6V，如达到这个电压，或接近此电压，操控员就要马上执行返航或降落动作，做好安全防范措施，尽可能避免因电池电压不足导致炸机。

3. 选择一个合理的场地进行飞行。

(1) 飞行前应从谷歌地图上对飞行区地形地势进行初步了解，切勿超过安全飞行高度（相对高度 120m）。

(2) 飞行前，注意观察气象，影响无人机飞行的气象环境主要包括风速、雨雪、大雾、空气密度、大气温度等。

(3) 尽量避免在人群稠密或闹市区飞行，如公园以及树多、空间狭小的地方。起飞和降落时，注意小孩、宠物的位置。

(4) 注意观察飞行区域周边电磁干扰源情况。现在主流的无人机无线电遥控设备采用 2.4G 频段，而家用的无线路由器均采用 2.4G 频段，发射功率虽然不高，但城区的范围大，难免会干扰遥控器的无线操控，导致失控。其次，为了保证手机信号的覆盖率，国内三大电信运营公司（电信、移动、联通），在城区或乡镇密集地建设地面基站网络，虽然其发射信号的频率和无人机遥控设备的频率相差较大，但由于地面基站发射功率较大，无人机靠近时，会直接影响飞行控制器的正常工作。

(5) 注意规避大型电力设备。部分较大型无线电设备直接影响飞行。例如，雷达、广播电视信号塔、高压线（电弧区）等。

二、航拍理论基础

航空摄影是在飞机或其他飞行器（如气球、人造卫星和宇宙飞船等）上搭载专门的摄影机对地面进行摄影而获得相片。

1. 无人机航拍的特点。

(1) 范围大、精度高。

(2) 速度快、成本低。

(3) 信息丰富、客观真实。

(4) 野外工作量少，受地形和气候条件影响较小。

(5) 易于采用新技术和实现自动化、智能化。

(6) 相片可多次利用，除绘制线划地形图外，还可用于编制影像地图和各种相片图，以及建立数字地面模型和地图数据库等。

2. 无人机航拍的参数。

(1) 航摄比例尺。相片上某两点间的距离与地面上相应两点的水平距离之比,称为航摄比例尺,通常用 $1/m$ 表示:

$$1/m = f/H$$

式中,f 为摄影镜头的焦距;H 为镜头中心相对于地面的高度,称为相对航高。

由于各种因素的综合影响,飞行时无人机不可能始终保持同样的高度,地面也总有起伏,航高并不一致,因而相片上各部分的比例尺也是不一致的。

(2) 航向重叠度。航向重叠又称"纵向重叠",是指航空摄影中,沿同一航线的相邻相片上有同一地面影像部分。由于相邻相片是从空中不同位置拍摄的,故重叠部分虽在同一地面,但影像不完全相同。沿航向重叠部分与相片长度之比,称为"航向重叠度",以百分数表示。航向重叠度的计算公式为:

$$P = l_x/L_x \times 100\%$$

式中,l_x 为相片航向重叠部分的边长;L_x 为航向方向上相幅的边长。

(3) 旁向重叠度。旁向重叠又称"横向重叠",是指航空摄影中,沿两条相邻航线所摄的相邻相片上有同一地面影像部分。由于航线不同,重叠部分虽在同一地面,但影像不完全相同。旁向重叠部分的长度与相片宽度之比,称为"旁向重叠度",以百分数表示。旁向重叠度的计算公式为:

$$Q = l_y/L_y \times 100\%$$

式中,l_y 为相片旁向重叠部分的边长;L_y 为旁向方向上相幅的边长。

(4) 航线弯曲度。航线弯曲度指航线两端影像主点之间的连线 l 与偏离该直线最远的影像主点到该直线的垂直距离 d 的比值。计算公式为:

$$R = d/l \times 100\%$$

航线弯曲度直接影响航向重叠度和旁向重叠度,如果弯曲度过大,则可能出现漏拍地面景物的现象。

(5) 航高。摄影航高是指摄影机平台相对于摄影基准面的垂直距离,即无人机相对于地面基准面的高度。当基准面为平均海面时,称为绝对航高;当基准面为地面上某一基准面时,称为相对航高。

(6) 航高差。航高差是反映无人机在空中拍摄时飞行姿态是否平稳的重要指标,如果航高差变化过大,说明无人机在空中的姿态不稳定,这会对成像质量造成影响。同一航线上相邻相片的航高差不应大于 30m,最大航高与最小航高之差不应大于 50m,实际航高与设计航高之差不应大于 50m。

(7) 相片倾角。相片倾角指无人机相机主光轴与铅垂线的夹角。相片倾角一般不应大于 5°,最大不应超过 15°,倾角超过 10° 的相片数量不应多于相片总数的 10%。无人机起飞前配平对相片倾角的影响较大。

(8) 相片旋角。相片旋角指相邻相片的主点连线与像幅沿航线方向框标的夹角,一般不大于15°，在确保相片航向重叠度和旁向重叠度的前提下，最大旋角不超过30%。相片旋角对生成正射影像图的质量影响较大。无人机的相片旋角一般由侧风飞行导致，所以在规划航线的时候应该尽量避免侧风飞行。

三、航拍飞行技巧

初学者在学习固定翼无人机操作的时候，往往不知道从何入手，这里结合以往的教学经验，推荐初学者采用"模拟飞行→实际飞行操作"的方法进行学习。

（一）模拟飞行

模拟飞行运动有很强的适用性和普及性，它运用电脑和网络传播航空知识和飞行驾驶技能，在保证培训时间充裕的同时为操控员提供了一个熟悉飞行、适应飞行的平台，使航空理论和飞行技术更加易学、易懂、易操作，提高了在现实中参与真实飞行的效率和成功率。同时对掌握飞行技能方面有较强的辅助作用，是实际飞行操作前不可忽略的重要环节。

1. 模拟飞行的目的。模拟飞行会给新操控员一个实际飞行操作前的缓冲，在视觉效果和内心感受上先对无人机飞行有一个初步的体验，减缓实际飞行操作时的压力和紧张感。在模拟飞行中，新操控员通过对固定翼无人机的模拟操作，了解无人机在空中飞行的原理，观察无人机在空中不同姿态下的运动方式以及如何合理运用操作摇杆，掌握飞行时的基本操作技巧，为后续的实际飞行操作做好准备。

2. 模拟飞行的练习方法。模拟飞行中新操控员初次接触固定翼无人机，会感到不能控制无人机的飞行方向，不能让无人机按预设轨迹进行模拟飞行，这都属于正常现象。操控员应该花大量的时间去尝试油门、方向舵、升降舵、副翼的打舵量所产生的飞行效果，用不同的方式飞行，感受舵量和无人机偏转之间的微妙关系。在大量尝试后，操控员能初步控制无人机起飞并在空中持续飞行，接下来就要精确控制无人机飞行。选择好绿茵训练场地后，会出现相应的起降场地和球门，想要精确控制固定翼无人机的飞行，就要有稳定的操作技巧和强大的心理素质。新操控员操控无人机飞行不能急于求成，经过一段时间的练习，可以总结操作技巧：逆风起飞、逆风降落；转弯时轻加油门、稍拉开降舵，防止转弯时调离；切勿大舵量操作、修正；严禁打死舵，造成失速。

（二）实际飞行操作

真机的飞行过程与模拟飞行有着很大的不同，模拟飞行已将无人机进行了简单化、理想化，外界的飞行条件已达到理想状态。而实际飞行中可能会有很多意想不到的情况发生，如阵风、鸟类、高大建筑物和太阳强光等，这样就要求操控员力争做到手、眼、脑三者良好配合，在稳定的飞行操作技巧下，还需保持清醒的头脑，做到胆大心细、遇事不慌、处置果断，有良好的心理素质。

1. 抛掷无人机起飞。固定翼无人机的起飞分两种，一种为滑行起飞，但其对场地的要求过高，不适合大多数地区。多数固定翼无人机选择手抛起飞，所以手抛无人机起飞就成了新操控员的必修课之一。抛无人机前先确认好起飞、降落的场地，根据风向调整好无人机的起飞方向，逆风抛掷无人机。拿起无人机站在已选定好的起飞点，将无人机举过头顶，身体站直，双手与头部成15°角，双脚前后分开，双手伸直，左手托住无人机前端，右手手指卡在无人机机身凹陷处，便于发力。待操控员推动油门摇杆，手中无人机产生向前的力后顺势将无人机水平抛出,完成抛无人机动作。在抛掷过程中双手不能弯曲,要保持伸直状态,以免无人机后方螺旋桨高速旋转撞伤头部;发力时要用腰部一次性发力,避免前手松开后手二次发力,将无人机尾部带歪,给无人机起飞带来压力。手拿遥控器的操控员应站在无人机正后方10m处,观察被举起的无人机姿态,如果不水平,告知抛无人机的操控员调整到水平姿态,无人机抛出时观察其姿态,轻拉升降舵;如果无人机出现侧偏,应及时调整副翼进行修正,使无人机直线稳定地向上爬升。

2. 空中预定航线飞行。控制无人机起飞后操控员要两眼注视无人机,不得边看遥控器边看无人机,以免丢失目标。实际飞行的遥控器摇杆与模拟会有手感上的不同,上手飞行时不要慌张,要慢慢适应当前遥控器下的各通道行程量,慢慢打舵,根据当时的风速和风向调整好油门,使无人机飞行速度在自己能接受的范围内,不至于过快而失去调整无人机的时间。轻拉升降舵,将无人机控制在理想高度,在避开地面高大障碍物的同时也避免飞行高度过低出现突发情况,使无人机失控而无法挽救。让无人机沿直线飞行,飞行中根据风向、风力等外界环境因素调整,使无人机保持一定高度不变。飞行过程中要将无人机控制在自己的视线范围内,到达预选转弯区域内轻调副翼向右,让无人机从外侧转弯,使自己能清晰地看见飞行姿态,当机头朝向预选方向后将副翼向左轻微调整,使无人机摆正姿态继续直线飞,完成90°转弯。如此反复,完成矩形飞行练习。在飞行过程中轻调副翼转弯尤为重要,副翼的摆动会引起无人机的高度下降,此时为了保持高度不变,操控员应该轻拉升降舵,使无人机有向上的升力,副翼的舵量要控制在一定的范围内,过大会导致无人机过度倾斜,升降舵起不到修正作用;过小会使无人机飞行时转弯半径过大,无人机飞离预计航向过远,导致无人机从视线中丢失。副翼的舵量调节要根据无人机飞行的姿态及时调整,使无人机按预想的轨迹飞行。在矩形飞行顺利完成后,操控员应尝试复杂航线图形,利用同样的飞行方法完成"8"字航线飞行。

3. 降落。降落也和起飞一样,最好选择逆风方向进行,如滑行的路线上有微小的侧风,对无人机来说只要风力不是太强都是可以应对的。但是一定要避免在强侧风下练习降落,因为降落时油门已收至最低,无人机的飞行速度较慢,此时打舵调整副翼,飞机反应比较缓慢,如有侧风会对无人机姿态造成较大影响,使无人机很难维持直线飞行的姿态,降落时的高度和地点都难以控制,无人机的损坏概率会比较高。

降落时,操控员的站位要使无人机降落前最后的滑行方向为朝向操控员的方向(无人机在降落中逐渐接近操控员),这样操控员在控制无人机降落的过程中,可以清楚地观察无人机的姿态和行进方向,并及时加以控制修正。无人机降落的轨迹一般为矩形,一旦决定要降落之后,首先轻微收油让电动机的转数降低,无人机的飞行高度下降至准备降落高度(一般为40~70m),将无人机第一次带入逆风航线(俗称通场,即在降落方向正上方通过,但并不降落),此时无人机高度并没有大幅下降,操控员可以感受无人机方向是否与预定的降落方向一致,之后进入基本航线—顺风航线(无人机远离)—基本航线—预定逆风降落航线,如图4-4-1所示。在进入预定的逆风降落航线前的基本航线里将高度下降至合适的高度。如果现场风力较大,在刚开始进入逆风降落航线时,要保持理想的高度是有一定困难的,这时有必要在顺风航线里提前对飞行高度进行调整,无人机进入逆风航线后,降低油门,升降舵缓慢拉至最低,并保持住方向平稳降落。当操控员判断出降落位置、方向没有控制好或突发意外影响无人机降落,若强行降落可能引发事故时,应迅速拉低升降舵,同时加大油门,使无人机再次爬升进入矩形航线,重新准备降落。

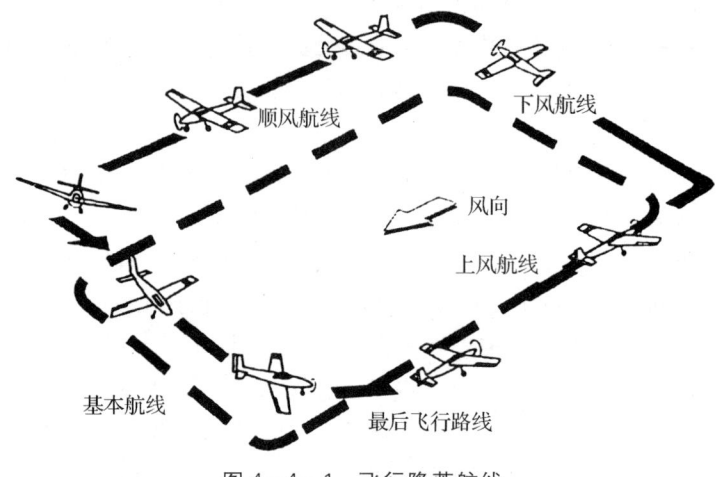

图 4-4-1 飞行降落航线

4. 侧风、大逆风、顺风降落。

(1) 侧风降落。侧风降落时,在进入最后飞行路线后,应尽量使无人机对准跑道中线,在侧风较大时,也可将无人机靠近侧风方向。在进入降落前的最后飞行路线后,应根据风向适当提前或延迟回正副翼,以便在转弯后,机头与预定降落方向形成一个航向修正角,然后向侧风方向适当压杆并压反舵制止无人机转弯,形成一个侧滑角。当航向修正角与侧滑角相抵消时,无人机则沿预定航线方向滑降,若飞机还有偏离预定航线的现象,应适当增减侧滑角,直至无人机不偏离预定降落航线为止。

(2) 大逆风降落。大逆风降落时,在无人机进入最后飞行路线后,下滑点应适当前移,并适当加大油门保持一定的下滑速度,速度慢时,可适当多加油门;速度快时,收油不宜过大。开始拉平的时间要比无风情况稍晚,拉杆动作柔和,防止拉高。拉平后,速度减小较快,此时不宜过早将油门收到底,以免下沉过快。

(3) 顺风降落。顺风降落时,在无人机进入最后飞行路线后,地速增大,下滑角减小,将下滑点适当后移。调整下滑速度时,应注意控制加油门量,收油的时间适当提前。拉平时,拉杆要及时、适量,防止拉低。拉平后,地速较大,平飘距离较长,在平飘过程中,应特别注意无人机下沉的快慢,及时柔和拉杆,防止拉飘。

其实固定翼无人机的操作和我们学习骑车、游泳一样,入门并不是很难,但想要达到优秀的水平,需要经过大量的练习和总结经验,这样才能适应野外作业的复杂环境,更好地完成任务。

四、图片处理

航拍后处理主要指对无人机在航空摄影中所拍下的照片和 POS 信息的导出,在特定的坐标系下进行拼接、配准、融合、调色等技术处理,形成符合标准的各类数字测绘成果。

航拍后的常用处理软件分为两大类:一类为成图软件,当前常用的有 Inpho、Pix4D mapper、航天远景等,成图软件主要用于原始照片的处理和正射影像图的生成;另一类为辅助软件,常用的有 Photoshop、CASS、Google Earth、ArcGIS 等,辅助软件主要用于对生成的正射影像图进行查看、修整、调色等再加工步骤，使之成为满足客户要求的产品。

(一) Inpho 软件介绍

Inpho 摄影测量系统是由世界著名的测绘学家 Fritz Ackermann 教授于 20 世纪 80 年代在德国斯图加特创立的，并于 2007 年 2 月加盟国际知名的 Trimble 导航有限公司，如图 4-4-2 所示。

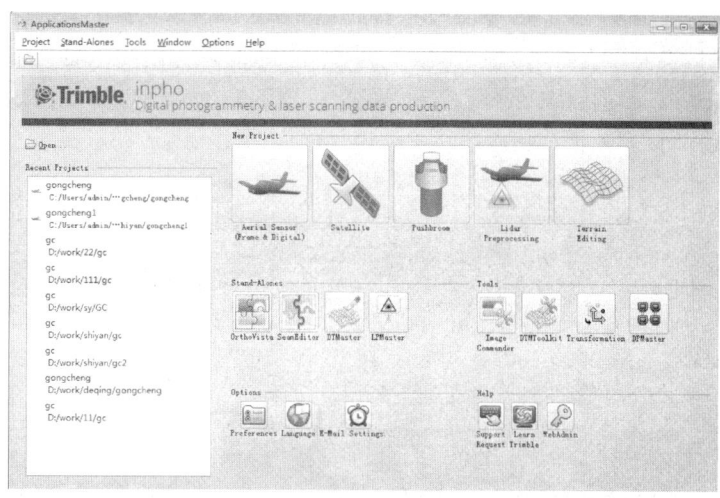

图 4-4-2　Inpho 摄影测量系统

(二) Pix4Dmapper 软件介绍

Pix4Dmapper 是目前市场上独一无二的集全自动、快速与专业精度于一体的无人机数据和航空影像处理软件。无须专业知识，无须人工干预，即可将数千张影像快速制作成专业、精确的二维地图和三维模型。Pix4Dmapper 是一款自动化程度较高的软件，它只需要将野外作业的相片和 POS 数据添加到建好的项目中就可以自动检测出相机的基本参数，然后自动进行相片排列，空中三角测量，自动生成软件处理过程中的各种成果（Google 瓦片、带纹理的三维模型、正射校正及镶嵌结果）以及满足客户需要的最终成果［数字表面模型（DSM）和数字正射影像图（DOM）］。Pix4Dmapper 软件界面如图 4-4-3 所示。

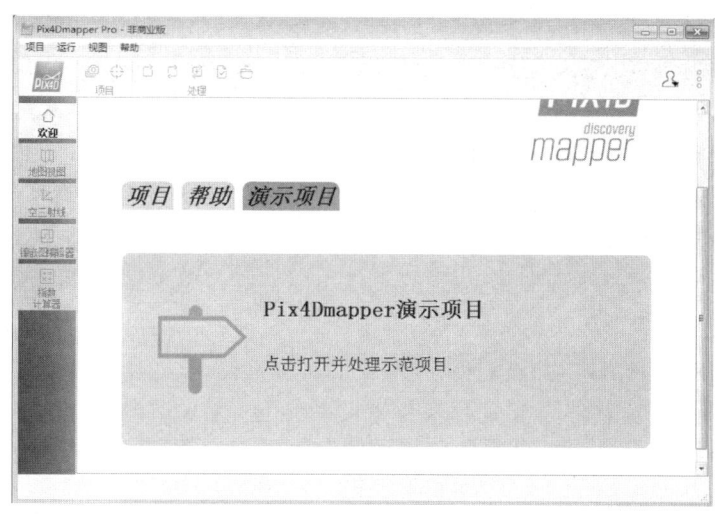

图 4-4-3　Pix4Dmapper 软件界面

（三）Photoshop 软件介绍

Photoshop 是一款由 Adobe 公司于 20 世纪 80 年代末期推出的专门用于图形图像处理的软件。Photoshop 主要处理由像素所构成的数字影像，使用其众多的编修与绘图工具，可以有效地进行图片编辑工作。Photoshop 有很多功能，在图像、图形、文字、视频等各方面都有涉及。从功能上看，该软件可分为图像编辑、图像合成、校色调色及功能色效制作部分等。图像编辑是图像处理的基础，可以对图像做各种变换，如放大、缩小、旋转、倾斜、镜像、透视等，也可进行复制、去除斑点、修补、修饰图像的残损等。图像合成则是将几幅图像通过图层操作、工具应用合成完整的、传达明确意义的图像。校色调色可以方便快捷地对图像的颜色进行明暗、色偏的调整和校正。Photoshop 软件界面如图 4-4-4 所示。

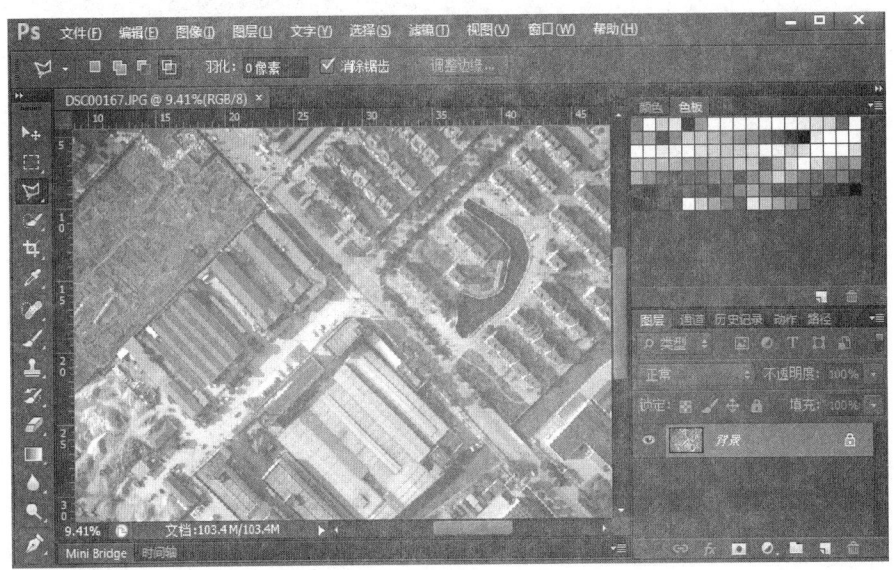

图 4-4-4　Photoshop 软件界面

（四）CASS7.0 软件介绍

CASS 地形地籍成图软件是基于 AutoCAD 平台技术的 GIS 前端数据处理系统。它广泛应用于地形成图、地籍成图、工程测量应用、空间数据建库等领域，全面面向 GIS，彻底打通数字化成图系统与 GIS 接口，使用骨架线实时编辑、简码用户化、GIS 无缝接口等先进技术。自 CASS 软件推出以来，已经成为用户量最大、升级最快、服务最好的主流成图系统，是当前制作数字线画图的主流软件之一。

近年来科技发展日新月异，计算机辅助设计（CAD）与地理信息系统（GIS）技术取得了很大的发展。同时，社会对城市建设所需的大比例尺空间数据方便获取方面的要求越来越高，GIS 数据的建设成为"数字城市"发展的短板。与空间信息获取密切相关的测绘行业在近十年来也发生了巨大而深刻的变化，基于 GIS 对数据的新要求，测绘成图软件也正由单纯的"电子地图"功能转向全面的 GIS 数据处理，从数据采集、数据质量控制到数据无缝进入 GIS 系统，GIS 前端处理软件扮演着越来越重要的角色。CASS 软件主界面如图 4-4-5 所示。

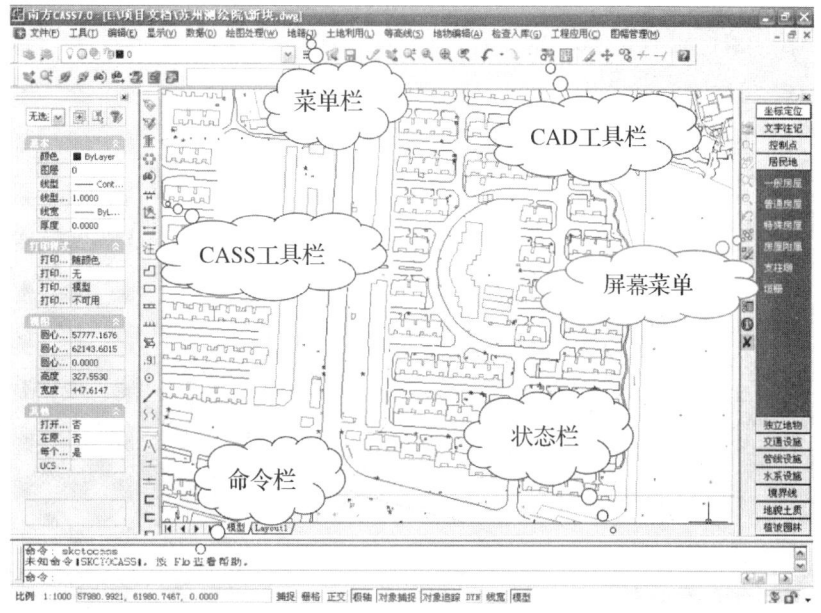

图 4-4-5 CASS 软件主界面

五、视频处理

航拍后的视频处理主要是导出无人机在航空摄影中所拍下的视频文件,用视频剪辑软件对视频文件进行拼接、配准、融合、调色等技术处理,生成符合输出要求的文件。

市场上的视频处理软件大约有几十种,下面我们介绍其中的一种软件——Premiere Pro CS5 的基本操作,作为基本的入门介绍。

1. 通过欢迎界面创建新项目。选择"开始"→"所有程序"→"Adobe"→"Adobe Premiere Pro CS5"命令启动程序后,出现欢迎主界面,如图 4-4-6 所示。

图 4-4-6 Premiere Pro CS5 欢迎主界面

2. 创建项目，命名，选择存储位置。

(1) 注意：存储位置最好是自己新建一个存储文件夹，如图4-4-7所示。

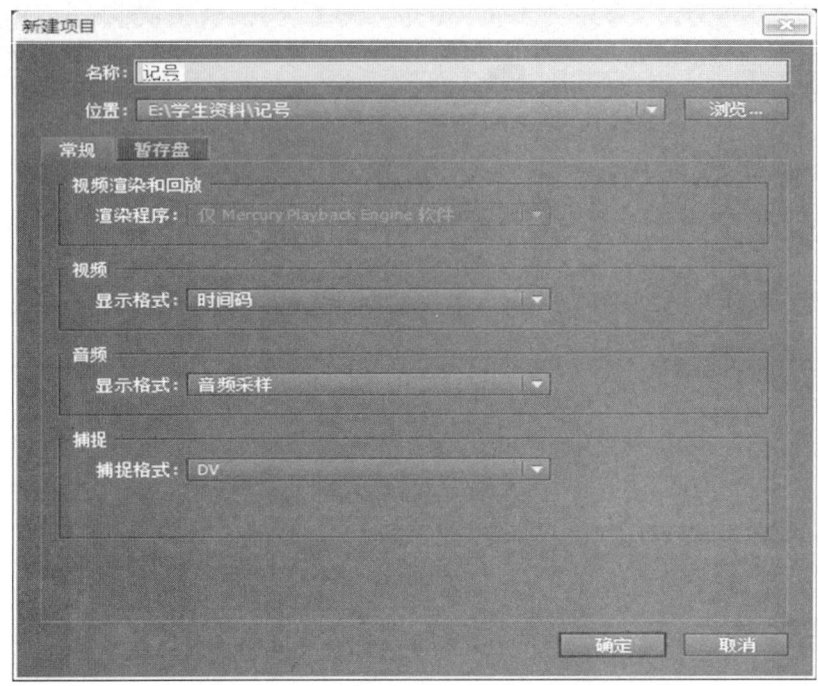

图4-4-7 新建项目(新建存储文件夹)

(2) 项目文件最好与视频素材存储在一个文件夹里，如图4-4-8所示。

图4-4-8 Pro界面

3. 导入素材。支持导入的文件性质包括视频、音频、动画、图片等，如图4-4-9～图4-4-11所示。

图 4-4-9 找到素材文件夹

图 4-4-10 导入视频

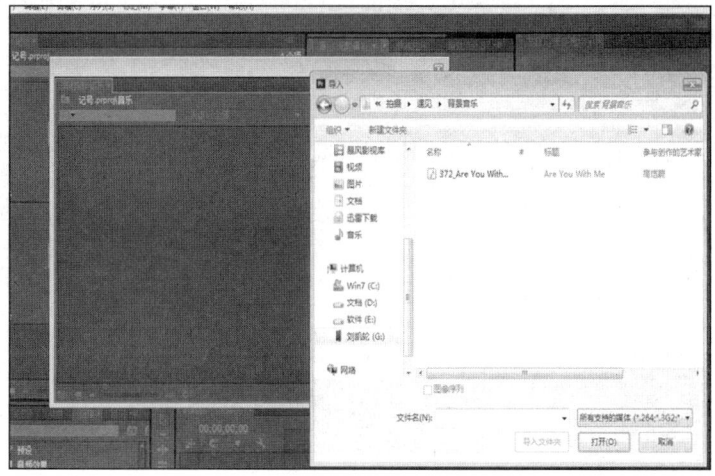

图 4-4-11 导入音频

4. 创建编辑序列,如图 4-4-12 所示。

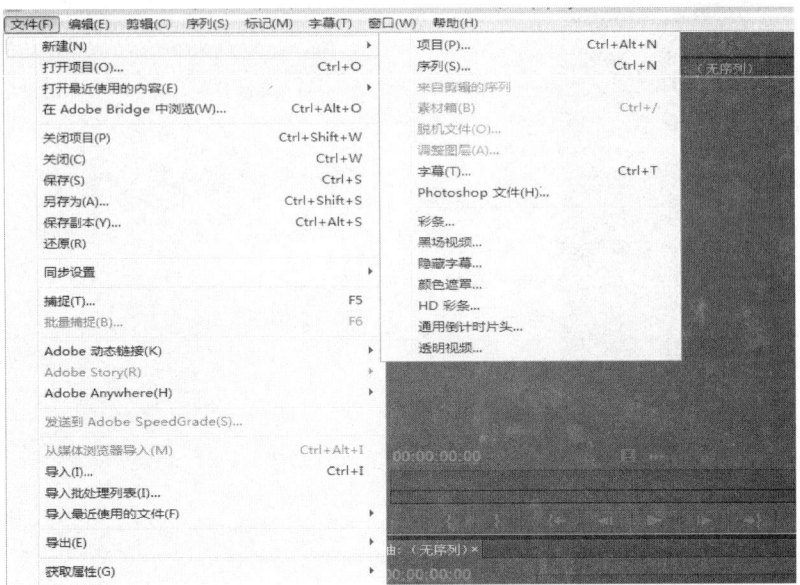

图 4-4-12　创建编辑序列

5. 序列设置。注意编辑模式,主要设置帧大小、场、显示格式,如图 4-4-13 所示。

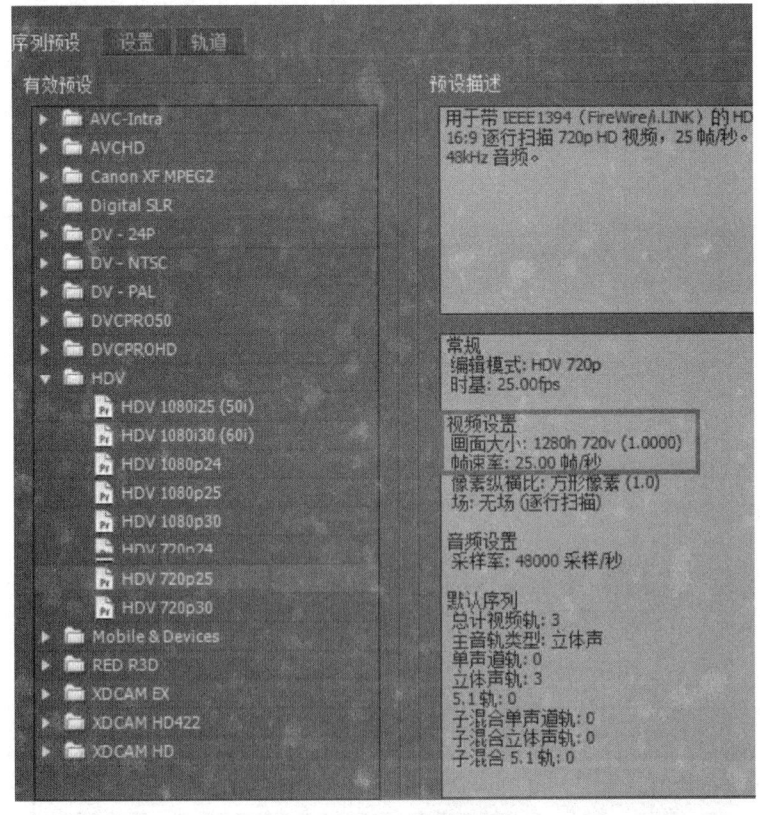

图 4-4-13　设置序列

6. 时间轴、工作区设置。时间轴如图 4-4-14 所示,工作区设置界面如图 4-4-15 所示。

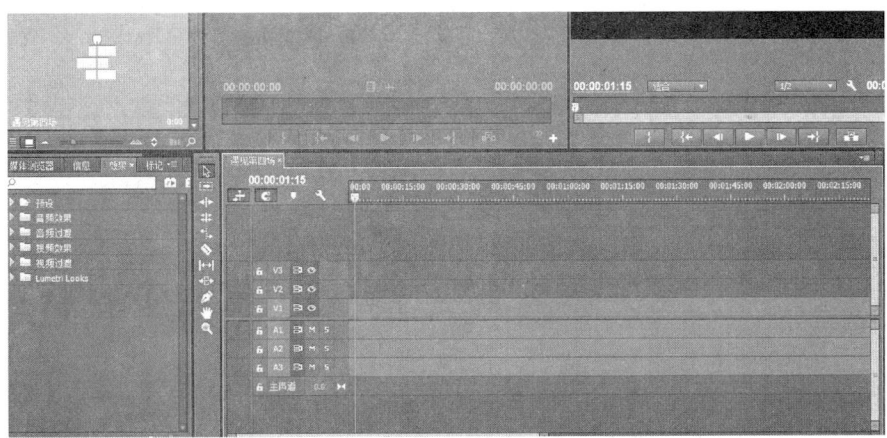

图 4-4-14 时间轴

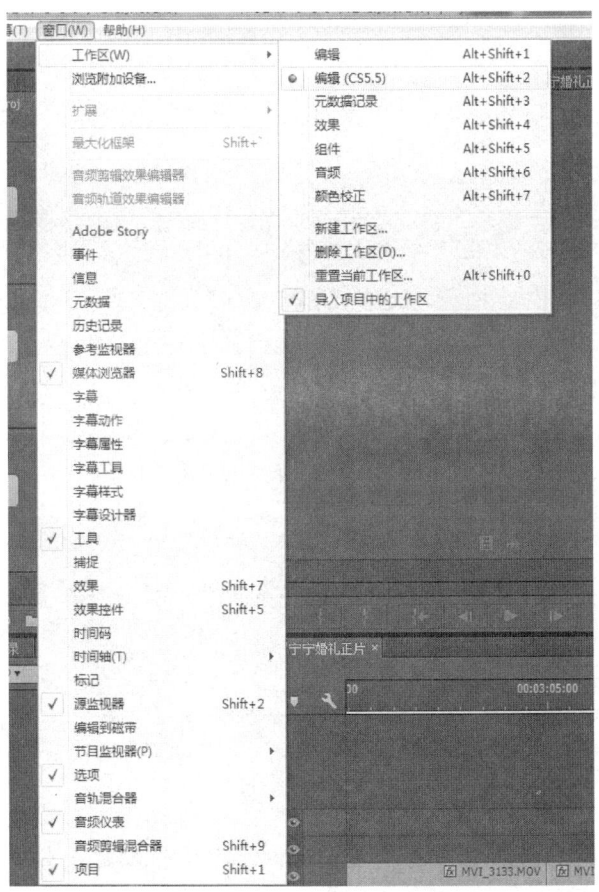

图 4-4-15 工作区设置界面

7. 在工作区中编辑视频,如图 4-4-16 所示。

图 4-4-16 在工作区中编辑视频

8. 视频剪辑,如图 4-4-17、图 4-4-18 所示。

图 4-4-17 点击视频出现控件效果

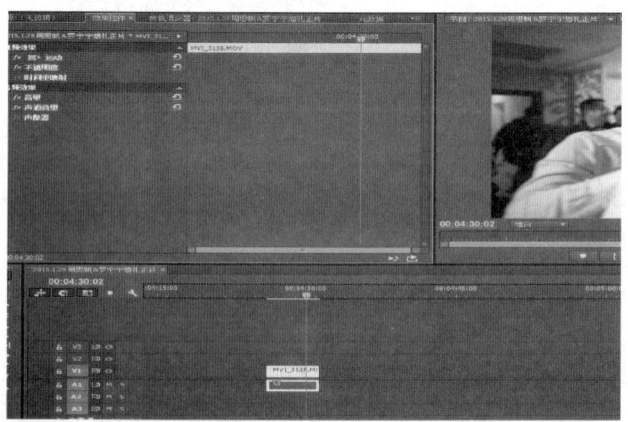

图 4-4-18 选择自己需要的部分

9. 常用简单转场特效,如图 4-4-19 所示。

图 4-4-19 转场特效界面

10. 修改裁剪的参数,如图 4-4-20 所示。

图 4-4-20 修改参数界面

11. 声音的基本编辑,如图4-4-21所示。

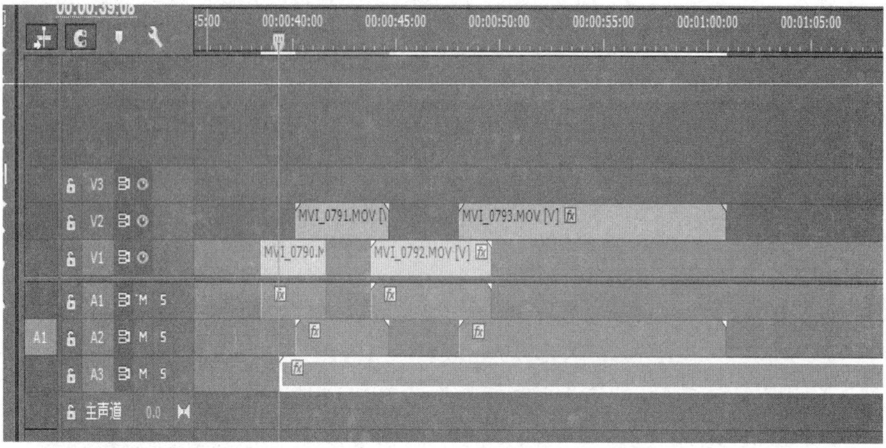

图4-4-21 插入声音

12. 对声音进行音量编辑,如图4-4-22所示。

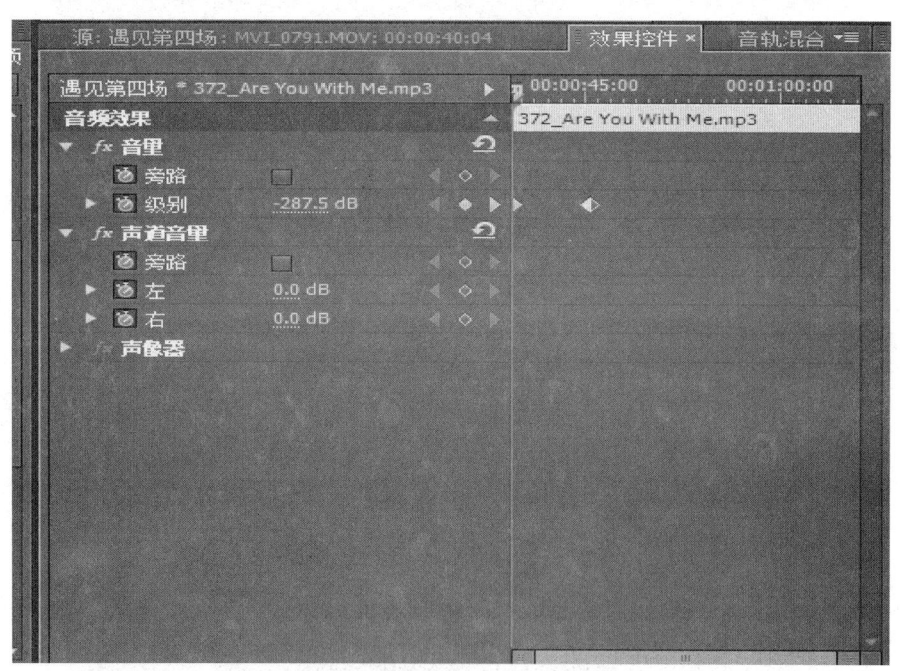

图4-4-22 对声音进行音量编辑

13. 字幕的制作,如图 4-4-23 所示。

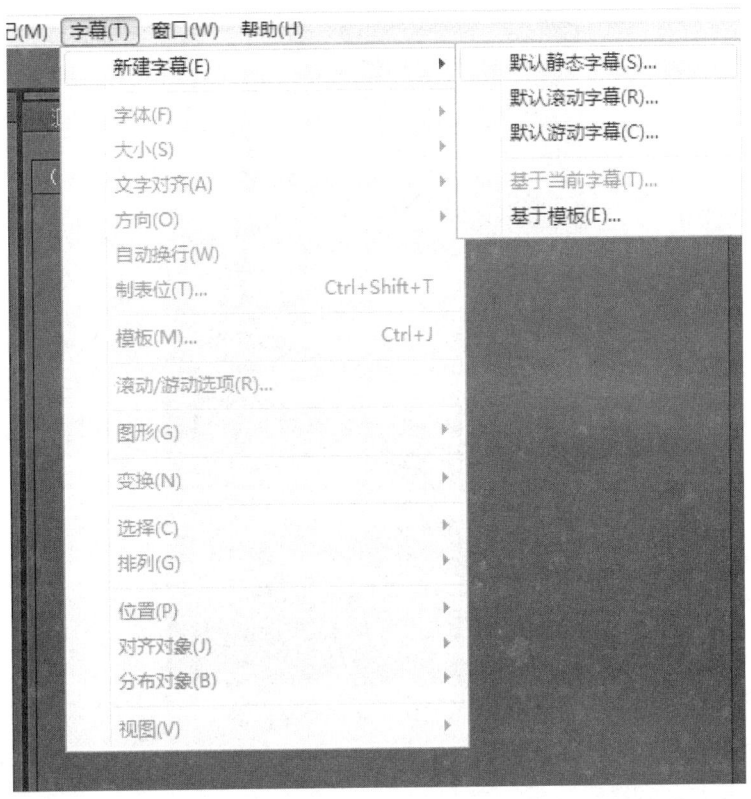

图 4-4-23　新建字幕

14. 字幕的编辑,如图 4-4-24 所示。

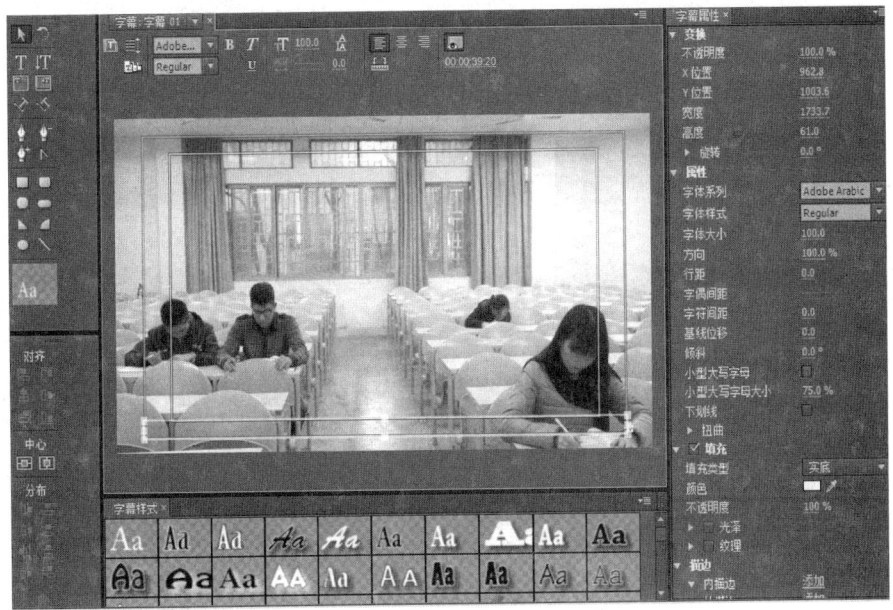

图 4-4-24　编辑字幕

15. 字幕字体设置,如图 4-4-25 所示。

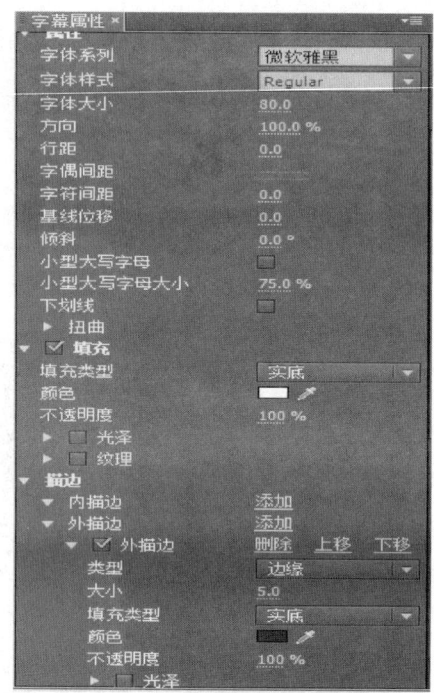

图 4-4-25　字幕字体设置

16. 字幕与视频合成,如图 4-4-26 所示。

图 4-4-26　字幕与视频合成

17. 视频导出,如图 4-4-27 所示。

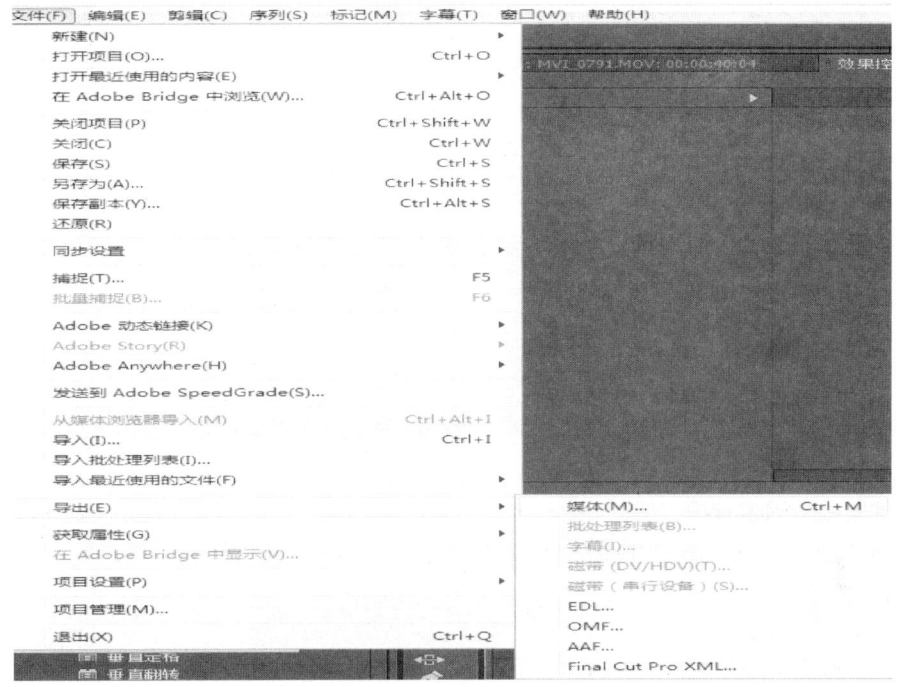

图 4-4-27　视频导出

六、作业后保养

无人机属于精密器械,任何部件的微小变动都会影响其飞行状态和使用寿命。因此,在其使用、转运和存放的过程中应该小心谨慎,对其进行日常保养也非常重要,甚至在很大程度上决定了它的使用寿命。

1. 整机清洁。

周期:作业期间必须每天清洁,非作业期间可每周清洁一次。

要点:该项目主要指机身主体的清洁工作,如旋翼、尾桨、机身板、尾杆、外露轴承的清洁工作。外露轴承建议涂上润滑脂,以达到润滑、防锈、防腐蚀的目的。清洁过程中注意观察旋翼、尾桨和尾杆的完整度、是否膨胀、是否开裂等,机身板上的固定螺丝是否有松脱等现象。

2. 主螺旋头固定情况。

周期:作业期间每天要检查确认,非作业期间可每周检查确认。

要点:检查主螺旋头各个螺丝状况,旋翼的固定情况,T 头是否松动。

3. 主轴晃量检查。

周期:作业期间每天要检查确认,非作业期间可每周检查确认。

要点:检查主轴横向是否有晃量,上下是否有松动。如果晃量很大,建议与厂家联系处理;若上下松动明显,建议马上返厂维修。

4. 清洁主轴并加润滑脂。

周期:作业期间每天要检查确认,非作业期间可每周检查确认。

要点:作业期间建议每天清洁主轴并涂上润滑脂。同时需清洁主轴外露轴承,建议涂上润滑脂。

5. 齿轮箱前轴检查。

周期:作业期间每天要检查确认,非作业期间可每周检查确认。

要点:检查齿轮箱前轴横向是否有晃量,若有晃量,建议返厂维修。检查单向轴承,正常状况是顺时针方向旋转的,且只能自转,逆时针方向会带动主轴旋转。

6. 启动轴晃量检查。

周期:作业期间每天要检查确认,非作业期间可每周检查确认。

要点:检查启动轴是否有明显晃量,若有晃量,建议返厂维修。

7. 离合器检查。

周期:作业期间每天要检查确认,非作业期间可每周检查确认。

要点:顺时针旋转离合器罩,观察是否卡壳、不顺畅。有必要可拆掉皮带检查,正反向都应旋转顺滑。

8. 尾螺旋头固定情况。

周期:作业期间每天要检查确认,非作业期间可每周检查确认。

要点:检查 T 型螺丝固定是否牢固,尾桨夹固定情况。

9. 尾轴虚位检查。

周期:作业期间每天要检查确认,非作业期间可每周检查确认。

要点:检查尾轴旋转面晃量,若有晃量,建议返厂维修。

10. 清洁尾轴并加润滑脂。

周期:作业期间每天要检查确认,非作业期间可每周检查确认。

要点:清洁尾轴上的灰尘,再涂上润滑脂。检查固定尾轴的两个轴承,作业期间建议每天清洁,并涂上润滑脂。同时注意铜套的损耗状况。

11. 尾轴变矩结构检查。

周期:作业期间每天要检查确认,非作业期间可每周检查确认。

要点:清洁变矩结构,特别是轴承,清洁后建议涂上润滑脂。

12. 尾同步轮检查。

周期:作业期间每天要检查确认,非作业期间可每周检查确认。

要点:固定主轴,轻微转动尾轴,若有滑动现象,说明尾同步轮固定不紧,需重新固定。

13. 全机舵机、拉杆清洁检查。

周期:作业期间每天要检查确认,非作业期间可每周检查确认。

要点:清洁舵机及拉杆,包括主螺旋头舵机、螺距拉杆和十字盘拉杆、油门舵机和拉杆、尾舵机和拉杆。注意拉杆连接部分是否松动、变形,用两个手指轻轻固定螺丝观察是否松脱。注意球头扣和球头之间的磨损状况和间隙大小。在未连接电源的情况下,用手摇动舵机臂,观察行程是否顺畅、是否有滑齿现象;连接电源后,摇动拉杆,观察相应舵机反应行程和速度。

14. 电池检查。

周期:作业期间每天要检查确认,非作业期间可每周检查确认。

要点:检查电池电线是否破损,电池是否膨胀,电压是否正常。

15. 遥控器清洁检查。

周期:作业期间每天要检查确认,非作业期间可每周检查确认。

要点:注意防潮、防尘、防暴晒,有条件的话可以用风枪吹干净;检查各个操纵杆、按键是否正常工作。

16. 存放点检查。

周期:作业期间每天要检查确认,非作业期间可每周检查确认。

要点:机身存放点需注意防火、防潮、防尘、防暴晒,远离可能会形成线路漏电的场所。电池和遥控器建议存放在单独的箱子里,箱子的存放点也需注意防火、防潮、防暴晒,远离可能会形成线路漏电的场所。油箱的存放需注意防火、防潮、防暴晒,远离可能会形成线路漏电的场所。油箱不可长时间存放在车厢里。若油箱带油存放,请不要拧死通气口。